农民培训精品系列教材

U0272226

农民素养提升之沟通与礼仪

李春贞　刘　莉　史　吏　洪建新　臧文静　李　荣◎主编

中国农业科学技术出版社

图书在版编目（CIP）数据

农民素养提升之沟通与礼仪／李春贞等主编. --北京：
中国农业科学技术出版社，2024.4
ISBN 978-7-5116-6734-2

Ⅰ.①农… Ⅱ.①李 Ⅲ.①农民-素质教育-中国②农民-
礼仪-中国 Ⅳ.①D422.6②K892.26

中国国家版本馆 CIP 数据核字（2024）第 060230 号

责任编辑	张诗瑶
责任校对	李向荣
责任印制	姜义伟 王思文

出 版 者 中国农业科学技术出版社
北京市中关村南大街 12 号 邮编：100081
电 话 （010）82106625（编辑室） （010）82106624（发行部）
（010）82109709（读者服务部）
网 址 https://castp.caas.cn
经 销 者 各地新华书店
印 刷 者 北京富泰印刷有限责任公司
开 本 145 mm×210 mm 1/32
印 张 4.75
字 数 155 千字
版 次 2024 年 4 月第 1 版 2024 年 4 月第 1 次印刷
定 价 38.80 元

《农民素养提升之沟通与礼仪》
编写人员

主　编	李春贞	刘　莉	史　吏	洪建新
	臧文静	李　荣		
副主编	张进兵	黄　涛	杨景康	邹　唯
	郭晓心	姑丽巴哈尔·买买提		
	孙智华	王翠英	李佩遥	柳晓燕
	张　琼	姚秀平	方会云	俸平康
	魏唐营	韩　志	王　韬	罗　曦
	章功勤	蒋恩杰	刘花蕊	吕占德
	张　星	陈廷明	麦　宇	尹　诗
	刘晓丽	姜　超		
参　编	郭云丽	张　顺	程阿远	付国民
	齐国福	郁兴菊	武兴华	苏　晴
	张　昊			

前　言

如今，中国特色社会主义进入了新时代。这个新时代，是承前启后、继往开来、在新的历史条件下继续夺取中国特色社会主义伟大胜利的时代，是全国各族人民团结奋斗、不断创造美好生活、逐步实现全体人民共同富裕的时代，是全体中华儿女勠力同心、奋力实现中华民族伟大复兴中国梦的时代，是我国日益走近世界舞台中央、不断为人类作出更大贡献的时代。

实施乡村振兴战略的核心任务是农民的现代化，培养造就一支懂农业、爱农村、爱农民的"三农"工作队伍。中国新型城镇化需要农村职业教育，中国乡村振兴更需要农村职业教育。完善农村职业教育和培训体系，深化产教融合、校企合作，办农民满意的农村职业教育，是新时代赋予农村职业教育的新使命与新任务。与此同时，乡村振兴战略的实施和职业农民培育的开展等，不仅为农村职业教育带来了新的发展机遇，也对农村职业教育提出了新的现实挑战。

"三农"问题日益成为制约我国经济社会持续协调发展的突出问题，而大力发展农村职业教育，提高农村从业人员的职业技能水平和农村人口素质，增强农民的从业能力和市场意识，是解决"三农"问题的根本措施。农村职业教育作为乡村社会系统的组成部分，乡村振兴战略为其发展提供了历史机遇，同时提出了时代要求。切实有效地发挥自身功能、展现自身能量是农村职业教育在乡村振兴战略中寻求发展的战略性举措。

本书着眼于农村职业教育，涵盖了乡村振兴战略中农民素养提升方面的沟通与礼仪，从多个角度出发，介绍当代农村生活与经营中涉及的沟通与礼仪相关内容，从而帮助农民提升整体素养。本书理论结合实践，对农村职业教育从业者和职业农民具有一定的学习和参考价值。

编　者

2024 年 3 月

目　录

第一章 新时期农民素养提升

农民问题是"三农"问题的核心,农民素养在一定程度上影响着农村的发展与进步。在新时代背景下,农民素养越来越受到关注,农民作为农业现代化建设的重要主体,在农业现代建设中发挥着不可忽视的重要作用。

第一节 新时期农民素养的内涵

一方面,农民具备较高水平的素养有助于提高农民的就业竞争力,促进农民自身的综合发展。另一方面,高素养的农民有效增加了国家储备人才的数量,从而也促进了国家经济的发展,促进了社会的发展。因此应重视对当代农民各方面素养的培育,使其不断提高道德素养、法律素养、科学文化素养、信息素养等,从各方面完善自己,实现人生理想与目标,从而推动农业现代化的建设与实现。

一、素养的内涵

素养指人在先天生理的基础上后天通过环境影响和教育训练所获得的、内在的、相对稳定的、长期发挥作用的身心特征及其基本品质结构。实质上素养指人们在经常修习和日常生活中所获得的知识的内化和融合,它对一个人的思维方式处事方式、行为习惯等方面具有重要作用。一个人具备一定的知识并不等于具备相应的素养,只有内化和融合所学的知识并使之真正对思想意识、思维方式、处事原则、行为习惯等产生影响,才能上升为某种素养。

素养不同于素质。《辞海》对素质一词的定义有以下三个方面。第一,人的生理上生来具有的特点;第二,事物本来具有的性质;第三,完成某种活动所必需的基本条件。素质强调与生俱来的特点和性质,素养则强调后天生活和学习中的修习,以及在修习过程中通过内化和融合形成的涵养特性。从广义上讲，人的素养包括思想政治素养、道德素养、文化素养、业务素养、身心素养等，包含政治、法律、道德和文化各个方面的知识、规范、行为习惯等。素养是后天习得的，是在有利的学习环境中习得的，并不是与生俱来的心理特征。素养的习得是人在家庭、学校、社会、职业、经济、政治和文化等综合环境的影响下，一生中持续不断学习的过程。

素养从本质上说是一种学习成果，但又与学习成果不同。学习成果是人们参与一定的教育实践后产生的具体知识、技能和能力，但素养不仅指向学到了什么，还指向期望人们展现的是什么。学习成果倾向于关注知识本身，而素养则更关注对知识的应用。

公民的素养主要指与现代社会发展和现代文明建设相适应的人的内在素养，是人们在文化知识、政治思想、道德品质科学技术、礼仪举止、法律观念、经营能力等方面所达到的认识社会、推动社会文明进步的能力和水平。它是综合反映一个国家国民素养和国家软实力的最重要的因素。当前，我国在向社会主义现代化迈进的历史进程中，必须全面推进经济建设、政治建设、文化建设、社会建设和生态文明建设。公民素养也就是推动这些相互关联的五大建设所必需的人的品行、素养和能力，具体包括人的观念、思想、道德、文化、知识、智慧、技能等要素。一个社会能否实现和谐繁荣，一个国家能否实现健康稳定、长治久安，不仅取决于其制度的正义性，更取决于其公民的综合素养与态度。良好的公民素养不仅可以增强社会价值认同和凝聚力，为国家、社会的发展提供强大的精神动力还可以关注与修复人与社会道德的缺失，提高社会发展的民主文明程度，实现人与人、人与社会、人与自然的和谐、可持续发展。

二、农民素养的主要内容

新时代农民素养指在推进农村经济建设、政治建设、文化建设、社会建设和生态文明建设过程中农民所必需的品行、能力和素养。培育新时代农民素养最重要的就是要不断提高农民的文明素养，形成与农业和农村现代化建设相适应的先进观念、思想、道德、文化、知识、智慧、技能等，提升农民建设新农村的能力和水平。

从新农村建设所涵盖的经济建设、政治建设、文化建设、社会建设和生态文明建设的具体需要来看，新时代农民素养主要包括以下内容。

（一）农民思想道德素养

思想道德素养是一个人思想素养和道德素养的融合和统一，是思想和道德的外在表现，也是一个人在社会中的行为规范的标准。思想素养和道德素养二者相互制约、相互促进，共同构成人的思想和灵魂。一个人的思想素养由其在社会生活中形成的人生观、价值观、世界观和社会观共同组成。道德素养是个人在道德上的自我锻炼，以及由此达到的较高道德水平和道德境界，是人们道德思想认识和道德行为的综合反映。

（二）农民法治素养

所谓法治素养，指一个人认识和运用法律的能力。一是指法律知识，即知道法律相关的规定；二是法律意识、法律观念，即对法律尊崇、敬畏，有守法意识，遇事首先想到法律，能履行法律的判决；三是用法能力，即个人将法律知识与法律意识内化后运用在生活实践中的行为体现。一个人的法治素养如何，是通过其掌握、运用法律知识的技能及其法律意识表现出来的。

（三）农民科学素养

国际上普遍将公民科学素养概括为三个组成部分，一是对于科学知识达到基本的了解程度，二是对于科学的研究过程和方法达到基本的了解程度，三是对于科学技术对社会和个人所产生的影响达到基本的了解程度。只有在上述三个方面都达到要求者才算是具备基本科学素养的公众。目前，各国在测度本国公众科学素养时普遍采用这个标准，我国也采用这一标准。我们这里所说的农民科学素养指农民了解必要的科学知识，具备科学精神和科学世界观，以及用科学态度和科学方法判断各种事物的能力。世界科学技术发展史表明，科学素养是公民素养的重要组成部分，公民的科学素养反映了一个国家或地区的软实力，从根本上制约着自主创新能力的提高和经济、社会的发展。

（四）农民信息素养

信息素养是一种综合能力，它包含人文、技术、经济、法律等诸多因素，和许多学科有着紧密的联系。信息技术支持信息素养，通晓信息技术，强调对技术的理解、认识和使用技能。而信息素养的重点是内容、传播、分析，包括信息检索及评价，涉及更宽的方面。它是一种了解、搜集、评估和利用信息的知识结构，既需要通过熟练的信息技术，也需要通过完善的调查方法，通过鉴别和推理来完成。信息素养是一种信息能力，信息技术是它的工具。信息素养包含技术和人文两个层面的意义：从技术层面来讲，信息素养反映的是人们利用信息的意识和能力；从人文层面来讲，信息素养也反映了人们面对信息的心理状态，或者说面对信息的修养。

（五）农民生态文明素养

生态文明素养是"生态文明"与"素养"的有机结合。生态文明素养指对人与自然、人与人、人与社会，以和谐共生、良性循环、全面发展、持续繁荣为基本宗旨的文化伦理形态，所保持的敬畏之心和平素养成的良好习惯。生态文明素养是一个综合性指标，有的学者将其描述为"了解生态系统中的环环相扣、物物相联，产生积极关心的态度，然后以行动在生活中表现出来，成为生态文明素养的三部曲"。

第二节　农民素养提升的意义

一、培育农民素养是新时代乡村振兴的必然要求

实施乡村振兴战略是党的十九大作出的重大决策部署，是决胜全面建成小康社会、全面建设社会主义现代化国家的重大历史任务，是新时代"三农"工作的总抓手。人是生产力中最活跃的因素，乡村振兴，关键在人。农民是乡村振兴的主体，也是受益者，是乡村振兴的动力来源。因此，培育农民素养是新时代乡村振兴的必然要求。只有把亿万农民的积极性、主动性、创造性调动起来，才能有效地推进乡

村振兴。

（一）新时代实施乡村振兴战略的意义

农业、农村、农民问题是关系国计民生的根本性问题。没有农业、农村的现代化，就没有国家的现代化。农业强不强农村美不美、农民富不富，决定着亿万农民的获得感和幸福感，决定着我国全面建成小康社会的成色和社会主义现代化的质量。如期实现第一个百年奋斗目标并向第二个百年奋斗目标迈进，最艰巨、最繁重的任务在农村，最广泛、最深厚的基础在农村，最大的潜力和后劲也在农村。实施乡村振兴战略，是解决人民日益增长的美好生活需要和不平衡、不充分的发展之间矛盾的必然要求，是实现"两个一百年"奋斗目标的必然要求，是实现全体人民共同富裕的必然要求。

当前，我国发展不平衡、不充分问题在乡村最为突出，主要表现在：农产品阶段性供过于求和供给不足并存，农业供给质量亟待提高；农民适应生产力发展和市场竞争的能力不足，新型职业农民队伍建设需要加强；农村基础设施和民生领域欠账较多，农村环境和生态问题比较突出，乡村发展整体水平亟待提升；国家支农体系相对薄弱，农村金融改革任务繁重，城乡之间要素合理流动机制亟待健全；农村基层党建存在薄弱环节，乡村治理体系和治理能力亟待强化。

在中国特色社会主义新时代，乡村是一个可以大有作为的广阔天地，迎来了难得的发展机遇。我国有党的领导的政治优势，有社会主义的制度优势，有亿万农民的创造精神，有强大的经济实力支撑，有历史悠久的农耕文明，有旺盛的市场需求，完全有条件、有能力实施乡村振兴战略。必须立足国情、农情，顺势而为，切实增强责任感、使命感、紧迫感，举全党全国、全社会之力，以更大的决心、更明确的目标、更有力的举措，推动农业全面升级、农村全面进步、农民全面发展，谱写新时代乡村全面振兴新篇章。

（二）实施乡村振兴战略的总体要求

乡村振兴，产业兴旺是重点。一个地区的乡村振兴，必须要有产业支撑。产业是乡村振兴战略的核心，也是逐步实现农民就地城镇化、就近就业化的核心因素。

产业是经济社会发展的基础，也是乡村振兴战略的基础。必须坚持质量兴农、绿色兴农，以农业供给侧结构性改革为主线，加快构建现代农业产业体系、生产体系、经营体系，提高农业创新力、竞争力和全要素生产率，加快实现由农业大国向农业强国转变。

乡村振兴，生态宜居是关键。将新农村建设总要求中的"村容整洁"替换为实施乡村振兴战略总要求中的"生态宜居"是农村生态和人居环境质量的新提升，更加突出了重视生态文明和人民日益增长的美好生活需要。党的十九大报告指出，建设生态文明是中华民族永续发展的千年大计。既强调人与自然和谐、共处、共生，要"望得见山，看得到水，记得住乡愁"，也是"绿水青山就是金山银山"理念在乡村建设中的具体体现。

乡村振兴，乡风文明是保障。乡风文明既是乡村振兴战略的重要内容，更是加强农村文化建设的重要举措。实施乡村振兴战略，实质上是在推进融生产、生活、生态、文化等多要素于一体的系统工程。文化是农村几千年发展历史的沉淀，是农村人与物两大载体的外在体现，也是乡村振兴战略的灵魂所在。因此，在实施乡村振兴战略的过程中应转变过去"重经济，轻生态、轻文化"的发展理念。

乡村振兴，治理有效是基础。党的十九大报告指出，加强农村基层基础工作，健全自治、法治、德治相结合的乡村治理体系。培养造就一支懂农业、爱农村、爱农民的"三农"工作队伍。从原来的管理民主提升到治理有效，在实现从管理向治理转变的同时，也更加注重治理效率。自治、法治、德治相结合的乡村治理体系，为破解乡村治理困境指明了方向，充分体现了系统治理、依法治理和综合治理的理念。

乡村振兴，生活富裕是根本。将"生活富裕"放在实施乡村振兴战略总要求的最后，体现了乡村振兴战略的根本目的。将新农村建设总要求中的"生活宽裕"置换为实施乡村振兴战略总要求中的"生活富裕"，在目标导向上显然要求更高，这与我国当前正处于全面建成社会主义现代化强国的新时代密切相关。进入新时代，我国社会主要矛盾已经转化为人民日益增长的美好生活需要和不平衡、不充分的发展之间的矛盾。与之前相比，当前我国城乡居民收入和消费水平明显提高，对美好生活的需要内涵更丰富，层次更高，因此仅用"生活宽裕"难以涵盖新时代农民日益增长的美好生活需要。

二、培育农民素养是发展现代农业的需要

发展现代农业是社会主义新农村建设的首要任务。现代农业的核心是科学化，现代农业依靠的是科学技术的进步，科学技术的进步有效地促进了农业生产能力和生产效率的快速提高，以及农村经济水平的大幅度提升。现代农业的目标是产业化，农业生产链向产前、产后延伸，这样就形成了比较好的整体式的产业链条，从而打破了传统的生产模式，走上了生产集约化、专业化、产业化、科学化的轨道。因此，需要具有科学的管理理念、采用先进的管理技术和经营方式来组织生产。

我国正处在从传统农业向现代农业转变的重要时期，科学技术正在不断地被应用于农业生产之中，科技成果的转化最终需要通过农民的吸收消化才能更好地被运用于生产建设之中，从而有效地推进机械化、信息化、农业生产能力等快速提升。因此，必然需要具备较高的科技素质、掌握大量的科技知识和技能的新型农民；需要培养一大批适应现代化农业生产的新型农民，进而提高我国农业以及农产品的国际竞争力。

第二章　新时期高素质农民核心素养

近几年来，我国大力开展高素质农民培养，但是，在培养过程重理论轻实践、理论与实践脱离产与教相脱节现象还是比较明显，高素质农民核心素养提升效果还不够明显。

第一节　高素质农民核心素养提升的现实困境

一、农民职业属性认识模糊

从我国农村发展的历程可以看出，"三农"对于我国社会经济发展起到非常重要的作用，但是长期以来，人们普遍认为农民是一种身份的象征，逐渐形成了一个社会等级的代表，从而对农民的认识存在一定的偏见。改革开放以来，大量农村青壮年离开家乡进入城市，造成人才流失严重。在很长一段时间里，"跳农门"是农村青少年梦寐以求的目标，不愿留在农村种田，认为从事农业工作不体面、社会地位低。从个人层面看，农村青少年对学农、爱农、兴农的情怀和意识不足，没能全面深入地认识农民职业属性问题。从组织层面看，当前农村村民、社会组织、民间团体等对农民的属性认识也还没有完全打破传统观念的束缚，不仅对农民身份的认识还存在一定的误区，而且没有对农民的职业属性深入、系统地辨识，归根结底是由于我国农村基础教育相对薄弱、农村文化普及率不高、经济发展落后导致的。因此，提升高素质农民核心素养首先应转变对农民认识的观念，全面、深入、系统地认识农民的职业属性。

二、产与教互促成效不明显

当前，从高素质农民培养理论与实践看，初步认识到了产教融合培养人才的重要性与紧迫性，但是绝大多数还停留在产教融合的初级阶段，只是尝试性开展产、学、研于一体的培养模式，理论性教学内容偏重，实践操作教学偏少，没有真正将产与教融合，产与教没有形成良好的互动，没有建立产与教的互促机制，教与产相分离，经济效益与社会效益都不明显。因此，目前我国高素质农民培养中还存在以下几个方面的问题：重理论、轻实践，重技术、轻经营，重形式、轻内容，短期化、任务式，教育与产业互动不够、融合度不深等。主要原因是对高素质农民核心职业能力认识不够深入以提升高素质农民的核心素养为目标的相关培养理论与实践未有效开展，特别是基于产教融合模式下的培养方法还没有深入实践，没有充分发挥创新实践的作用。

三、产与教的契合度不够高

培育高素质新型职业农民，以政府为主导，涉农院校、开放大学、社区学院、培训机构等共同参与的产教融合是关键。但是，现行产教融合模式下培养高素质农民中还存在实训基地不能保障培养对象职业能力提升和职业素质养成的情况，主要是因为以新型农业经营主体为主的实践平台建设还不够完善，产与教契合度不高，产教"两张皮"现象明显，缺乏完整性与系统性。产教融合仅停留在表面的校企合作与简单的培养方案制订上，没有具体的实施与推广。在产业链上没有建立完整的产教融合模式，只是点对点，人和物的落实不到位，农业产业需求不明确，产业发展与知识学习之间还没充分发挥协作作用，产教融合的实施内容与目标的实现存在较大的差距。培养单位不能将农业产业的发展需求与培养体系的构建、培养方案的制订、人才培养模式的确定等有机衔接，缺乏内生动力，从而导致产教融合的契合度不高，影响高素质农民培养的质量。

四、产教实践创新能力不强

高素质农民创新实践教学内容不能满足创新实践的需求，实践教学方式单一，以传统模式为主，创新案例借鉴共享不够具体，缺乏可操作性与复制性，不能调动参与培养对象创新创业的动力与积极性。针对农业创新创业实践风险大、投入高、回报周期长等特点，政府部门的相关政策措施执行不到位，没有建立相应的创新创业风险保障基金。因成本控制、经济效益与社会效益难统一、新型农业经营主体及产业协同平台不完善等因素影响，参与培养的单位培养动力不足，对产教融合模式下培养高素质农民的兴趣不浓。同时，高素质农民培养还未能形成利用突破性创新资源开展培养的机制，还未形成协同高效的科技创新体系，农创基地建设进程较慢，创新生态系统的竞争力有待进一步加强。

五、培养保障机制不够完善

当前，我国对农业人才培养的投入力度还不够，对从事农业的人才还存在一定的偏见，没有营造出良好的人才培养环境。首先，在职称评定方面，对农业人才的职称评定标准、评定范围、评定程序等还不够完善，没有针对农业人才的特点确定相应的标准与要求，影响新型职业农民参与高素质农业人才培养的积极性与主动性。其次，我国对农业人才的学历晋升通道还不够畅通，虽然农业人才有着丰富的生产经验，但由于部分长期从事农业生产者的文化水平底子薄，对于专业理论考试能力欠缺，影响其相应学历的获取。最后，人才激励机制还不够完善，没有良好的职业上升通道，职业荣誉感、获得感不强等，农民职业社会地位偏低、收入水平不高，利益的保障及社会福利待遇与城市相差较大。在如何保障高素质农民培养过程中其农业生产经营不受影响方面还存在比较多的欠缺，主要体现在经费保障、平台建设、政府部门的相关政策措施执行不到位等。

第二节　高素质农民核心素养的提升路径

建立健全高素质农民产教融合培养机制，以提升其核心素养为目标的培养体系，对于实现乡村人才振兴，满足农业现代化的需求，为社会主义新农村培养具有乡村情怀、愿意扎根农村、懂技术、善经营、会管理的高素质农业人才，为乡村产业振兴、文化振兴、生态振兴和组织振兴提供强有力的人才支撑。因此，从职业能力体系、创新创业、文化传承、生态保护和组织管理五个方面，全方位提升高素质农民的核心素养是顺应时代发展的需求。

一、基于职业属性提升高素质农民核心素养

近年来，人们对农民认识观念也在悄然发生改变，特别是随着农业规模化和集约化发展、城乡一体化发展，人们也在不断地更新对农民的认识。农民不再是身份象征，而是职业属性。农民正面临着从一般职业到更高级职业发展的需求和职业转换，即 2020 年以来提出的"高素质农民"。自 2012 年提出新型职业农民培养以来，人们对农民的认识发生了巨大的改变，不再拘于传统观念，对职业属性的认识也越来越深刻。高素质农民培养更加强化其职业属性，以职业能力培养为突破口全面提升农民的核心素养，为农村经济发展培养有文化、懂技术、善经营、会管理、有"工匠精神"的高素质农民。而产教融合模式正顺应了高素质农民培养的要求，建立以产教融合提升核心职业能力的培养体系对乡村人才振兴具有重要意义。

以开展理论教学与实践学习相统一为手段，建立新型农业经营主体、农业创业园等为实践实训基地，满足高素质农民多层次、多形式、广覆盖、经常性、制度化教育培训需求，在国家职业技能标准体系下通过产与教相融合的模式开展职业能力提升的培养。对高素质农民实施学历教育提升工程，以成人中专（高中）、大专、本科等不断递进的学历教育为主，开设种植、养殖、生产与加工等技能普及为特色的短期培训班、长期培训班，开设技术类、经营管理类、职业素养类等课程体系，聘请"田专家""土秀才"在田间地头为培训对象授课，构建全方位的高素质农民培养生态体系，从人才培养的发展规划、培养目标、培养方法与手段、培养体系、实践基地建设、课程开发与管理、师资聘请与培养、师资库的建立等方面丰富与完善核心职业能力提升空间，不断加强农业职业教育链、人才链与产业链的整合，全面提升高素质农民核心素养。

二、构建以产促教、以教兴产的培养模式

高素质农民是实现农村一二三产业融合发展核心力量，构建理论教学与实践教学相融合的一体化培养模式，充分运用新型农业经营主

体、田间学校、产教融合创新基地等实践平台，以农业生产来促进职业能力的提升，以职业能力提升来加强农业生产能力，构建"产、教、学"于一体的培养模式，培养高素质农民创新实践、创业实干等的核心素养。

深入农村及田间地头，提高培养效率，围绕高素质农民培养的要求，将课程教学与生产实践有机融合。组织农业培训专家团队走进乡村课堂走进田间地头，以田间为课堂、以作物为教具开展实践教学。采取农学结合、高级研修、送教下乡、线上学习、远程指导、科普宣传等形式开展培训，鼓励参与培养的对象在学中做、做中学。以学促做、以做兴学，利用农闲碎片时间，建立导师制，配置实践导师与理论导师，培育学员的实践技能和创新创业能力，提高其职业素养。同时，以产养教、以教促产、以产定研、以研促产，农业教育、科研与推广"三位一体"的产教融合发展模式，构建高素质农民生产与学习共融共享机制，培育一支爱农业、有文化、懂技术、善经营、会管理、用得上、留得住的高素质农民队伍。

三、健全生产与学习一体化融合发展机制

以产教融合为目标，创新教学模式，运用体验式、观察试验法等教学方法，引导农民学会自我思考，在生产中学，学习中生产。培养农民勤于分析问题、善于解决问题的能力，实现知识互通、资源共享，知识转化与吸收，完善教学实践体系，将培训机构、村集体、新型农业经营主体、高素质农民等作为一个共同体，构建学习共融共享的利益共同体。以田间课堂为依托、以新型农业经营主体为载体、以农业产业园为平台，实行头脑风暴法，建立高素质农民培育的实验室，促进科研成果转化、完善课堂建设与服务赋能搭建农民成长阶梯，真正发挥农村专业人才对农村产业融合的促进作用，不断推进多层次、多渠道合作办学，创建"点、线、面"结合，多元共融、协同并举的产教融合培养机制。

四、发挥现代化产业的示范性与引领性作用

培育和壮大新型农业经营主体，以科技武装农业企业，发挥互联

网优势，加快智慧农业的建设，加强现代产业示范基地建设，充分发挥现代产业基地的引领性，以专业合作社、家庭农场、龙头企业等新型农业经营主体为代表，建立高素质农民核心素养提升平台，依托现代产业园区、农业龙头企业、专业合作社等建设一批具备集中培训、实操演练、观摩交流等功能的高素质农民培育实训基地。通过产教融合培养模式，加快现代农业生态化、机械化、智能化生产方式的转变，适度规模经营，实现农业产业专业化、园区化、农场化、联盟化，加快培养机构、学校、政府、企业等多方面的联动机制建设，充分发挥现代产业范性与引领性作用，建立生产实践与学习的共享平台，协同推进高素质农民培养工程，提升高素质农民的经营管理、创新创业、抗风险等能力。

五、建立产教融合与终身学习一体化的培养体系

培养高素质农业人才，加快高素质农民的培养，应以培养高素质农民的"工匠精神"及提升知识学习能力、经营管理能力、技能运用能力、创新创业能力、抗风险能力等核心职业能力为目标，基于"产教融合、素养提升、终身学习"的培养理念搭建高素质农民终身学习体系。充分发挥社区学院、农广校、开放大学、农村文化大礼堂、田间学校等的作用，利用互联网优势，充分利用移动终端构建立体式的终身学习体系。

以政府部门牵头开放大学及社区学院参与乡镇村协助的产教融合全方位育人体系，构建地方高职院校、开放大学、社区学院、田间学校为培养联盟体，建立和完善高素质农民职业能力提升的课程体系，将农业职业素养的养成与职业能力提升及参与终身学习有机耦合，实现对高素质农民的精准培养。同时，实行学分积分制度，统一纳入学分银行，在职业技能鉴定、职称评定、学历提升等方面实行学分认定与互认，实现集中统一学习与碎片化学习有机结合，全面提升高素质农民的职业情操、创新能力、综合实践能力等核心素养，为乡村振兴战略培养高素质农业人才。

第三章　新时期农民社会公德

社会进步和时代发展推动私人生活和公共生活产生分化，个人生活领域有了私人领域与公共领域之分。私人领域的关系与公共领域的关系适用于不同的原则和规范，处理私人领域关系的原则和规范被称为私德，处理公共领域关系的原则和规范称为公德。私德体现了个人道德水平的高低，公德是衡量社会文明程度的重要维度。社会公德水平要和新时代经济社会发展需要相适应，这就对新时代农民的社会公德培育提出新要求。社会公德是农民思想道德建设的基础工程，对提升农村的精神文明水平至关重要。诚然，新时代农业农村发展取得很大成就，农民整体思想道德水平也已提升。但农民的活动领域早已走出农村，交往对象也日益复杂多样，农民社会公德水平还存在不尽如人意的地方。因此，应根据新时代的发展要求，加强农民社会公德培育，提升农民社会公德素养。

第一节　社会公德的内涵与要求

现代社会的生产力发达，人们的活动空间从以私人领域为主转为以公共生活领域为主，公共生活领域的重要性就日益凸显出来。人们只有融入广阔的社会公共生活领域才能更好地生存、发展和享受。在公共领域中生活，人的社会性就表现突出，人就需要妥善处理与他人之间的关系。这就需要体现公共理性的规范来调节和约束，否则社会公共生活领域的秩序就难以良性运转。这种规范就被称为社会公德。

一、社会公德的内涵与特征

一般认为，"公德"是"公共道德"的简称，强调"公"与"私"的区别。

（一）社会公德概念的界定

"公德"概念在中国首次出现于梁启超的《新民说》中。他认为："中国所以不振，由于国民公德缺乏，智慧不开。"梁启超认为公德具有社会伦理角度和政治伦理角度的双重内涵，并对其进行解读，"人人独善其身谓之私德，人人相善其群谓之公德"。"公德者何？人群之所以为群，国家之所以为国，赖此德以成立者也。"公德是"人群之所以为群"的根本，要求人们要有"公共心"或"公益心"，这是从社会伦理角度而言的；公德是"国家之所以为国"的根本，就会要求人们要有"爱国心"或"国家观"，这是从政治伦理角度而言的。梁启超基于国家救亡图存的需要，认为当务之急是培育国民的爱国心和国家利益观，侧重于强调公德的政治伦理维度。但对于普通百姓而言，公德的社会伦理维度和政治伦理维度是分不开的，现实公共生活中经常表现出来的是社会伦理维度的公德。关于公德的作用，梁启超明确指出："公德者，诸德之源也。有益于群者为善，无益于群者为恶。此理放诸四海而准，俟诸百世而不惑者也。"这句话蕴含的道理至今仍然适用。

20世纪80年代末，我国著名马克思主义伦理学家罗国杰教授率先从广义和狭义角度分析社会公德的内涵。从广义来说，凡是与个人私生活中处理爱情、婚姻、家庭问题的道德，以及与个人品德、作风相对的反映阶级和民族共同利益的道德，通称为公德。从狭义上说，社会公德就是人类在长期社会生活实践中逐渐积累起来的最简单、最起码的公共生活准则。可见，罗国杰教授关于广义社会公德的界定包含了政治维度与社会维度两个层次，而狭义社会公德一般指社会维度的公德。随着我国社会结构的变化和专家学者研究的不断深入，这一区分也被逐渐认可，独立的社会公德概念基本确立。

（二）社会公德的基本特征

在现代社会的个人生活中，公共生活比重越来越大。快速便捷的交通工具和丰富多样的社交软件大幅度增加了社会交往的频率，社会公共生活的领域也更加多样化和虚拟化，交往对象也向复杂化和国际化发展，社会公德的内涵更加丰富，外延更加宽广，尽管社会公德是

"数百年来人们就知道的、数千年来在一切处世格言上反复谈到的、起码的公共生活规则"，但也表现出多样化的时代特征。

从横向角度分析，社会公德是人类文明千百年来的积累，与职业道德、家庭美德、生态道德和个人品德等类型的道德比较，表现出如下特点。首先，从适用领域讲，社会公德适用领域最宽广，群众基础最广泛。职业道德侧重于个人的职业生活领域，主要调节和规范个人与同事的关系；家庭美德侧重于个人的家庭生活领域，主要调节和规范家庭成员之间的关系；生态道德侧重于生产领域，主要调节人与自然界的关系；个人道德主要侧重于个体生活领域，主要调节和规范自身行为。职业道德、家庭美德、生态道德、个人品德相对于社会公德而言，适用范围相对较小，社会公德是调节和规范所有社会成员之间关系的。其次，从内容上讲，社会公德具有最大程度的继承性和延续性。这与社会公德适用的人群和范围有关。社会公德不是某一时代文明成果的积累，而是前后相连的多个时代人们处理人与社会关系的一般道德规范，此种道德规范在不同的社会发展阶段都存在，内容相对来讲变动较小。再次，从涉及人群数量来讲，社会公德代表的人数最广。社会公德是社会公共精神的体现，不仅代表着个人意志，更代表着公共意志。如果破坏社会公德，不是个人或少数人的利益受到损害，而是社会中绝大多数人的利益受到损害，这也在客观上要求新时代要加强农民社会公德培育。从这层意义上讲，社会公德培育相对其他类型道德的培育，是比较容易被认同的。最后，从具体要求讲，对社会成员都是无差别、无条件的。社会公德对所有人，不分能力、职业、地域、年龄、性别等，具体要求都是一样的。每个人都应该无条件、无差别地遵守公德，践行公德。

从纵向角度分析，每个时代的社会公德都体现出不同于前一时代社会公德的特点。新时代的社会公德具有基准性、普适性、公共性和广泛性等一般性特征，与此同时还体现出了鲜明特质。首先，自律性与他律性相统一，自觉性与强制性相统一。马克思曾经指出，"道德的基础是人类精神的自律"，社会成员就要"努力做到使私人关系间应该遵循的那种简单的道德和正义的准则，成为各民族之间的关系中的至高无上的准则"。社会公德的落脚点是维护和保证广大人民群众的共同利益，当然就会需要人民群众的自觉、自律，并且自为。同时，社会公德还是保证社会公共生活秩序和谐运行的"应然之则"，要求人们按照相应规范处理社会公共生活中的关系，带有一定程度的他律性和强制性。例如，如果某个人不爱护公物、不保护环境、不遵纪守法等，此人不但会受到人们言语上的谴责，更会因为损害公物、破坏环境、违纪违法等行为受到应有的惩罚。此时，社会公德的强制性就表现得非常明显了。其次，消极性与积极性相统一。所谓消极性，指社会公德对人们的"不作为"或"有所守"的行为要求。所谓积极性，指社会公德对人们的"有作为"或"主动作为"的行为要求。新时代社会公德对公民的要求不仅仅停留在消极性层面，更要强化对个人积极性、主动性、自觉性行为的要求。人类社会的道德体现着物质特性与精神特性的双重属性，尤其是以维护社会公共秩序和利益为价值目标的社会公德。新时代社会公德规范必须体现经济领域和思想领域的双重要求。其中，文明礼貌、助人为乐更多体现了对人们精神层面的要求，倡导人们成为具有高雅文明素质和高尚道德品行的社会主义国家公民；爱护公物、保护环境、遵纪守法则更多是出于维护公共利益而对人们提出的直接要求，规定人们在追求自身物质利益的时候，不得损害他人的合法利益和社会公共利益。

二、社会公德的具体要求

新时代深入推进乡村振兴战略，全面建设社会主义现代化国家，都需要提升农民道德素养，都需要强化社会公德培育作为基础工程。

（一）文明礼貌

文明礼貌反映的是个人在处理与他人、与社会关系时的一种态度，既是个人道德水平和行为习惯的反映，又是国家整体素养的体现。尤其是当下，陌生人之间交往频率的日渐增加就更需要在进行交往互动时注意从语言到行为的文明礼貌。在现代社会生活和社会交往中，每个独立个体都是社会关系网络中的一个环节，社会秩序的良好运行需要个体做到文明礼貌。文明礼貌体现了尊重他人与自尊自爱的统一。尊重他人就是要尊重其人格、尊严和价值；自尊就是要爱惜自我形象和声誉。

在社会生活和社会交往中，如果与他人产生矛盾、摩擦甚至误会，如果我们都能够站在对方立场，设身处地为对方考虑，理解对方的处境，宽容对方的错误，就可以有效地化解矛盾和争执。可见，文明礼貌不只是个人私事，更是社会公事；不只是个人小事，也是社会大事。现代社会，人们的学习、生活和工作的节奏加快、压力增大，容易产生烦躁情绪，经常出现因为一件小事而争执的情况，更有甚者，因为缺乏文明礼貌而将小摩擦演化为大矛盾，直至酿成大祸，造成无法挽回的后果。

（二）助人为乐

简单地讲，助人为乐就是在以自身能力帮助他人的过程中体会到的精神愉悦感和价值体现感，进而获得精神满足感。助人为乐是中华民族的传统美德，"君子成人之美""为善最乐""与人为善""博施济众"等谚语广为流传。"中国好人"雷锋就是助人为乐的模范，从他的行为中提炼的雷锋精神更是感召着后人，使人们积极践行着助人为乐的可贵品质。

新时代的我们仍旧要倡导助人为乐，一方面，每个独立个体只是社会关系网中的一个环节，能力和时间等有限，都会发生因为主客观条件制约而陷入困境的情况。当在生产生活中处于弱势地位，是需要他人的关心和帮助的。尽力帮助困境中的人，使他们感受到关爱和温暖，进而将这种关爱和温暖传递下去。如果越来越多的人自觉加入关爱与温暖的行动中，我们的社会就会变得温馨美丽，并且生机蓬勃。值得一提的是，在抗击新冠疫情的过程中涌现出来的各条战线的抗疫英雄和全国人民，以实际行动再次书写了中华民族守望相助的优良传统。另一方面，多数情况下，助人无须花费太多时间和精力，对于施助人来讲，只是轻而易举的事情，但对于受助人来讲，不是锦上添花，而是雪中送炭。这就是孔子所赞扬的"惠而不费"。当然在某些时刻，需要施助者付出较大代价，才能切实为受助者提供帮助。

对农民进行助人为乐的继续教育，把中华民族的优良传统传承下去，重拾纯朴礼让与通情达理的社会优良传统，帮助农民树立讲诚信、讲道义的农村社会交往的新风气，以真诚和团结互助的乡风文明促进集体经济以及农村各项事业的健康、积极、科学发展。

（三）爱护公物

爱护公物反映出每个公民对公共财物应采取的一种态度，这是珍惜、爱惜的态度。这不仅是集体主义原则在社会公德领域的应用，更是衡量社会文明程度水平的重要标尺。爱护公物是对他人劳动成果的尊重。

对农民进行爱护公物教育，是社会公德培育的重要内容。近些年，农村基础设施日益完善，公共服务机构日渐增多，基础设施和公共服务机构等都是为了满足农民的物质文化生活需要。乡村振兴背景下的社会公德培育，就是引导农民自动克服小农思想的限制，正确处理个人利益与集体利益的关系，培育公德心，提高爱护集体财产的意识，构建农村良好公共秩序。

（四）保护环境

保护环境指在尊重自然规律的前提下合理改造自然，使其更加符合人类发展需要，实现人与自然界的和谐共生。保护环境包括保护自然环境和人文环境两个部分，从长远看，保护环境就是保护人类自身。每个公民要有树立社会主义生态文明观的自觉，助力人与自然界和谐发展，为保护生态环境作出应尽的努力。企业、政府和国家等都应该是环境保护的主体力量，如果环境遭到破坏，没有任何国家和地区可以独善其身。

在农村倡导保护环境，就是对农民进行生态道德培育，引导农民提高认识、提升情感、锻炼意志和践行文明行为。

（五）遵纪守法

遵纪守法要求人们要自觉遵守纪律和宪法法律，这是社会公德最基本的行为准则，是维护公共利益安全和保障公共秩序运行的重要条件。"没有规矩，不成方圆。"任何组织的运行都必须有行为准则，否则组织将无法运行，就像繁忙的马路没有设置交通信号灯，交通肯定陷入瘫痪一样。在生产生活中，要用法律的强制力倒逼人们敬畏、认同、践行社会公德规范，约束铤而走险的行为，自觉在行动上遵守法律。近些年，关于文明出游、公共场所禁烟、醉驾处罚、地铁禁食、禁食野生动物等内容被纳入法律法规相关条款，通过强制性规范来约束人们的行为，严格惩罚违法行为，使人们有所不为，压缩不文明行为的生存空间，确保每个人坚守社会公德底线。

遵纪守法是对所有社会成员的普遍要求。对农民进行遵纪守法教育，就要将明哲保身、以邻为壑等小农社会的落后思想从农民心中除去，自觉以法律纪律为准绳。每个人都应遵纪守法，小到维护自身利益，大到维护公共利益。维护公共利益就是维护自身利益。

第二节 当前农民公德的现状

在乡村振兴战略深入推进过程中，农民的社会公德素养提升较快，对乡村全面振兴发挥了一定的助力作用；但是，与乡村全面振兴的要求和全面建设社会主义现代化国家的要求相比，农民的社会公德水平还有一定差距。要想进一步挖掘农民社会公德素养提升的空间，更大程度发挥其助力作用，就要采取科学有效的举措强化农民的社会公德培育。制定科学有效措施的基础就是全面客观分析新时代农民的社会公德现状以及成因。

一、农民社会公德的现状

党和国家一直重视农民的道德培育，也取得了较大成就。在社会公德方面，总的说来表现为：农民的社会公德认识渐深，但稍显淡漠；社会公德情感增强，但不够深厚；社会公德意志提升，但不够坚定；社会公德认识与行为偶尔不一致等。具体表现为以下方面。

（一）语言文明成为意识主流，但公共礼仪意识不强

近些年，农民的科学文化素养普遍提升。伴随着科学文化素养的提升，语言文明、知耻明礼等越来越成为农民的意识主流。反映现代人的道德修养高的一个重要表现就是语言文明、知耻明礼，这也是现代人在社会公共生活中应该遵循的基本要求。当回答"是否接受说话时带点儿脏话"这个问题时，大部分的农民表示反感粗俗语言、粗俗

举止等恶习。语言文明、行为文明已经逐渐成为农民愿意遵守的行为准则，说明其社会公德素养极大提高了。与此同时，我们要注意的是，由于长期生活恶习的影响，仍然有少部分农民认为说话时夹杂一些脏话没什么问题，尽量选择合适场合就可以了。这又说明农民的社会公德素养还是有待于继续提升的。农民的主体意识提升了，但没有相应地尊重他人的主体意识，一个表现就是公共礼仪意识不强，从对一个问题的回答中略见一斑。在面对"私下谈论一下别人家的丑事很正常，别让他家人知道就行"这个观点时，表示赞成或中立态度的人较多，虽然其中部分人表示只是出于好奇并没有恶意，部分表示纯粹关心。这都表明了农民的公共意识还是需要继续提升的，特别是在尊重他人隐私方面。因为没有处理好私人生活领域与公共生活领域的关系，就没有了界限意识。现代文明社会要求人们不仅要保护个人隐私，更要尊重他人隐私，这是基本的行为规范。保护隐私是个双向度问题，不仅要求保护个人隐私，同时也要尊重他人隐私。保护个人隐私就是要求他人尊重"他人"的隐私，尊重他人的隐私就是对个人隐私的变相保护。当前虽然农民整体素质已经大幅度提升，由于没有处理好私人生活领域与公共生活领域的关系，在公共礼仪方面的意识还较为欠缺，往往出现单方面要求他人尊重自己的隐私，遇到需要尊重他人隐私时却表现出极大的好奇心和探索欲。

（二）助人意识增强，但助人行为较弱

助人为乐是我国的优良传统，自古流传下来的"一个篱笆三个桩，一个好汉三个帮""帮人帮到底，送佛送到西"等有关助人为乐的谚语依然为世人津津乐道。农民群体助人意识从总体上看是好的，而且日益增强。大多数农民对拾金不昧、帮扶弱者的行为持积极态度，也愿意帮助需要帮助的人，同时也为有能力帮助他人却不帮的行为感到羞耻。

"熟人社会"的农村，村民之间几乎都是"亲戚连着亲戚"的，这是他们社会交往的基础。由于受到物质经济利益的负面影响，邻里关系逐渐冷漠。冷漠是小事，但其弥散性的坏影响是较大的。一个典型表现就是原来邻里间的"帮工"逐渐演变为"换工"。改革开放后，农村的生产生活领域逐渐扩展，扩展的中心仍是以家庭为单位的利益主体。在市场经济环境下，农民的个体意识和自我利益意识明显增强，在帮助他人时常常会考虑到是否与自身物质利益有关，有利则帮，有害则弃。总体看来，农民在思想上是愿意帮助他人的，但主要由于利益因素，在实施助人行为时有所顾忌。

（三）公共责任观念渐强，但利己倾向显现

在新农村建设进程中，农村公共服务设施日益完善，这就需要村民对其珍惜和爱护，这是村民应尽的社会责任和道德义务。珍惜和爱护公共财物不仅衡量着个人的道德水平，也衡量着社会的文明程度。自觉维护社会公共秩序和公共利益的责任意识是现代社会发展完善的客观需要。大部分农民认同并践行集体主义的道德原则，在实践中也尽力将国家利益、集体利益和个人利益统一起来，也明白如果集体利益和国家利益得不到保障，个人利益就会受损。对于农村的公共服务设施，大部分农民的自觉爱护意识加强，对随意破坏的行为表示可耻。另外，农民公共意识增强还体现在对村庄管理上要求民主，并积极、乐于参与其中。每当村里发生需要集体投票解决的事情时，参与其中的人数明显比前几年增多了，发表个人意见和建议的人数也增多了，发表的意见和建议也多是从集体角度出发，发牢骚的只占少数。也需要注意，农民的个体意识和自主意识在市场经济体制发展中明显增强了，但集体主义和公共意识略有弱化。也有少数人对公共活动热情不高，公共参与意识不强，更谈不上社会责任感。如果不涉及自身利益，就认为和他们没有任何关系了。从纵向角度看，农民的权利意识和自由意识明显增强，但与之匹配的责任意识和公共意识还没有发展成熟。如乱丢垃圾、扰乱交通秩序、挤占公共用地等影响公共卫生和公共秩序的事情还是时有发生。也有少数村民表示不想参与公共事务，更别提帮助陷入困境的陌生人了。另外，新型城镇化建设确实促进了农民的主体意识和自我意识的觉醒，但是不少人的边界意识却没有相应提升。这主要表现在对自我与他人的权利边界、公与私的界限没有清晰地界定与区分，最严重的表现就是为满足自己的私利而不惜牺牲、侵犯他人利益或公共利益。

（四）环保意识增强，但环保行为不够稳定

农民的环保意识增强了。农村的卫生状况已经得到极大改善，"垃圾靠吹、污水靠晒"的脏乱状态已经成为历史。在生产中，大部分村民不会随意丢弃农药瓶、塑料薄膜等垃圾，焚烧秸秆等也只为土地积肥，还会考虑到在农业生产中对农药、化肥的科学使用。对于生活垃圾的处理，现在大部分农村都设有专门的投放点，每天垃圾清运车会定时清理，大部分农民已经习惯这种方式，村容整洁已经慢慢成为村民的共同追求。对公共区域的卫生管理，如大街、广场等，有些村设有专门的清理人员来保持干净，即使没有专门人员清理也有附近村民愿意清扫干净。大部分村民都能够自觉爱护环境，"我不管，自然有人会管，我何必累着"的"搭便车"行为已经从多到少了。部分农民已经学会将垃圾分类处理，并形成固定投放的习惯。但也有少数村民因为垃圾分类麻烦、垃圾分类的标准记不住，而不对生活垃圾分类。也有少部分农民因为集中垃圾倾倒点离自家较远而随意倾倒垃圾。有些村子，排水排污系统不完善，生活污水随意排放，这不仅影响了村里环境，还对农民自身健康造成恶劣影响。另外，由于村民乱砍滥伐导致的水土流失也打破了生态系统的平衡，破坏了生态环境，最终也会影响生活质量。

（五）守法意识增强，但法律知识基础薄弱

法治国家、法治社会的建设离不开法治农村的建设，法治农村的建设需要农民法治意识的全面提升。由于之前法律知识的宣传教育不到位，农民的法律基础知识还有待于强化。仍有部分农民对违法行为存在着认知错误，不知道什么行为是违法的，这主要是由于其法律基础知识水平的有限以及村里人情关系的影响。对"如果村里有人犯罪，我也会推脱不说实情，毕竟一个村的，不帮也别害人家"这一观点大部分人会选择实话实说，但也有人表示赞成或者采取中立态度，这说明重法治轻人情与重人情轻法治在农村都是存在的。

轻法治重人情的人认为法律再大也大不过人情，同时也没有重视民主法治的重要性，更说明农村的法律宣传工作还需要贴近农民生活实际，需要加大宣传力度，进一步提升农民的法律意识。由于法律知识的基础薄弱，部分农民对自身的行为是违法而不自知，对"家里缺几棵树苗，别人家有很多，不用打招呼直接去别人家挖两棵用"的观点，有少部分农民采取赞成的态度，认为没什么大不了的。这说明这部分农民没有正确认识到，不经过允许就私自挖他人树苗是侵犯私人财产的行为，属于盗窃行为。也有少部分农民从自身利益出发，错误地认为公共财产既不是"我的"也不是"你的"，破坏或偷盗公物也无所谓，这属于"不占白不占"的贪小便宜思想，这种行为也是违法的。甚至有些村民为了蝇头小利不惜做出破坏国家交通、通信等重要基础设施的行为，他们根本不知道国家基础设施的重要性。这些法律意识淡薄、盲目犯法等行为，小则影响邻里关系，大则影响农村的社会治安。如果农村的社会治安不好，社会氛围就不好，农民的安全感就得不到保障，正常的生产生活实践就难以开展。

二、农民社会公德现状的成因分析

农村社会暴露出来的问题既有社会快速转型中诱发的增量，也有由于历史惯性造成的不能消解的存量。造成存量不能消解，增量被诱发的原因是多方面的。

（一）农民自身素质存在着局限性

一般来讲，社会公德是自身素质的外在表现，自身素质是社会公德的内在基础。也就是说，农民有了较高的整体素质，社会公德素养的提升就具有良好基础。但目前农村的实际情况却不容乐观，农民文化素质、科技素质等较低，阻碍了农民自身素质的整体提升，也就阻碍了农村社会公德培育。思想上的模糊不清会导致行为上的摇摆不定，容易发生知行脱节、知行不一的现象。农民自身素质较低主要由以下情况导致。首先，教育体系不完善，素质提升和道德养成机制与城市相比仍有较大差距。农村社会公德培育的落后不仅是在学校教育阶段，进入社会后农民也缺乏再次接受教育的机会，而且很多农村青年在九年义务教育阶段结束后不再继续学习提高了。如果农村大学生毕业后可以回到农村，肯定会将知识、文明等带回来。但事实是，当农村大学生毕业后，父母会因为农村整体条件较差而不希望他们回到农村，希望他们留在各方面条件较好的城镇工作、定居。部分大学生也是这样选择的。从整体来看，城乡教育的差距越拉越大，直接影响农民社会公德素养的提升。其次，部分农民学习知识的主动性、积极性也不高，这说明中国特色社会主义先进文化没有完全占领农村文化阵地。中国特色社会主义先进文化必须占领农村文化这块阵地，如果不主动去占领，落后腐朽的文化就会毫不犹豫地去占领。能不能获得经济利益仍然是一部分农民思考问题时的主导理念，金钱往往是衡量一个人在家庭中地位或一个家庭在村中地位的标准。"谁富谁英雄""谁穷谁狗熊"的观点仍然广泛存在。致富的愿望是好的，但如何致富才是关键。最后，农村法治教育落后导致农民法律意识淡薄。仍然有部分农民依然不懂得如何利用法律维护自己的正当利益，甚至是因为"太麻烦"或面子等问题不愿意通过法律途径解决。遇到纠纷时，胆小的忍让逃避，胆大的动手动刀。有时候简单的矛盾纠纷被扩大为双方呼朋唤友打群架，造成严重后果，严重影响农村社会安定。

（二）多元化利益格局的存在

马克思曾明确指出："利益是整个道德的基础。"道德作为社会生活的精神存在，始终是社会物质生活条件的产物，即使对社会物质生活具有能动反作用，但也不能超出社会物质生活条件的决定范围。道德具有双重属性，即物质性和精神性，物质性是根本性的、第一性的，居于决定地位，发挥决定作用；精神性是派生性的、第二性的，居于从属地位，发挥重要反作用。可见，马克思从没有单纯就道德谈道德，而是结合社会物质基础探讨道德，将道德从虚幻的"彼岸世界"拉进现实社会的"此岸世界"，体现了马克思主义道德观鲜明的现实性和实践性。

由此可见，以维护公共利益为价值的社会公德能够被农民普遍接受并在生产生活中主动践行，不但与农民自身思想道德素质有关，更与支撑社会公德被广泛认同和主动践行的物质利益基础密切相关。从这层意义讲，如果没有共同物质利益作为基础，道德共识、共同道德观是难以形成并被共同遵守的。新时代广大人民群众的根本利益是一致的，但现阶段整个社会已经形成了复杂化和多元化的利益格局，城乡之间有差别，同一乡镇不同村落之间有差别，同一村落不同家庭有差别。社会主义市场经济体制尚需要进一步完善，市场经济本质是竞争经济、逐利经济，在唤醒个体的自主意识和权利意识的同时，也容易导致个体物质利益至上思想的蔓延。各利益主体之间存在着事实上不同程度的矛盾和张力，矛盾和张力会在一定程度上消解形成道德价值共识的物质基础。如果上述问题没有得到及时解决，"破窗理论"所产生的负面效应就不可避免地向社会公德领域呈现蔓延之势了。简言之，多元化利益格局必然会导致价值取向的多元化，价值取向的多元化对社会公德共识的形成具有负面作用。因此，打破多元化利益格局的存在，寻找共同利益基础，是形成社会公德共识的必要工作。

（三）现代公德与传统私德的关系存在着模糊性

现代公德与传统私德的关系要正确理解，两者不是绝对对立的，而是辩证统一在现代社会发展进程中。传统私德形成于以自给自足为特点的自然经济社会，这与以血缘关系为纽带的较封闭的熟人社会相联系。传统私德主要用于调节家庭成员间的关系，范围主要限于家庭中。人们习惯于在以私人为中心的圈子中生活、交往，对亲朋好友会自觉多尽道德义务，而半径越大，关系越远，关心关爱就越少，甚至对陌生人持怀疑、排斥乃至敌视态度。处理事情以个人及家庭利益为中心，奉行个人利益至上原则，不愿意对他人和公共利益尽义务、负责任等。我国传统社会一向是重私德轻公德的。梁启超曾精辟地指出，"吾中国道德之发达，不可谓不早也"，然而，"偏于私德，而公德殆阙如"。当然，我们不能对传统私德秉持一刀切的态度。传统私德中的优秀成分被传承下来，经过创新性发展和创造性转化，至今仍体现出积极意义和借鉴价值。

在社会转型过程中，旧体制到新体制的过渡还没有完全实现，人们的私人生活领域与公共生活领域的关系还难以处理好。处在转型期的农民的思想意识和道德观念阵地就会处在新旧交织的矛盾状态中，不平衡的多样化的思想道德观念往往纠缠交错。当农民无法作出判断和选择时，容易形成农民思想阵地的真空地带。农民由于主客观条件限制未能从固有的人际交往观念中转变过来，没有及时适应现代社会要求的交往观念，出现了暂时的迷茫。但当前传统私德的惯性依然强大，制约着新时代社会公德的共识形成和行为践履，而现代社会又要求农民用现代公德去处理各种社会关系。这种矛盾性容易造成农民在道德判断和道德评价上变得模糊不清。会出现"此时是合理的，彼时又是不合理的"的现象。再加上农民自身素质不高，不能对道德理念作出正确判断，分不清哪些合理、哪些不合理，就难以形成思想道德观念的有效整合，不能完成传统私德向现代公德的过渡，也就弱化了社会公德的调节功能。

（四）农村基层政府的重视程度不够

农村基层政府的重视程度不够是导致农民社会公德素养不高的重要原因。其一，基层政府在农村的文化建设上表现出领导力较弱甚至缺失的状态。在物质基础比较薄弱的年代，乡镇等基层政府的工作重点是农村的经济发展。农村的经济发展获得了质的飞跃，农民收入也相应增加了，这是值得肯定的，但发展思路也是需要根据需要转化的。当社会物质条件发展到一定程度，农村的政治建设、文化建设等也要求跟上。当前农村的基层民主政治建设步伐也在加快，基层民主化程度也在逐渐提高，农民的民主意识也在提升。但某些基层政府对文化建设不够重视，对文化建设推动经济发展的作用没有足够认识。在社会进步中，经济建设、政治建设和文化建设本是一个系统，任何要素的欠缺都会成为阻碍社会进步的短板。当下，某些农村的文化建设确实已经成为短板。甚至有些基层政府片面理解和谐，认为只要收入增加了，社会自然就会和谐。诚然，物质收入增加表示社会和谐的物质基础坚实了，但社会和谐不会自动实现。有些基层政府对影响社会和谐的因素不闻不问，这种默许在一定程度上助长了歪风邪气。其二，基层政府的资金投入也是不足的。国家税制改革后，乡镇基层政府的可支配财力相比之前不足，其不再拥有财政收支的权力。大多数的村级组织也缺乏集体收入的来源，无法保证社会公德培育的资金投入。有些地方政府已经认识到文化建设的重要性，也希望通过文化建设、公德培育等推动经济发展再上新台阶，但一时难以改变心有余而财力不足的现状。有些基层政府不愿将有限资金投入其中的重要原因在于他们认为社会公德培育效果的显现周期较长，与其把有限资金投入见效慢、周期长的道德培育上，不如投入见效快、周期短的经济建设上。其三，基层政府还没有建立完善的社会公德培育的长效机制。社会公德培育的长效机制建立需要多方因素支持。社会公德培育在我国基础较浅，短时期内难以改变低水平现状，特别是在落后的农村地区。一是缺乏公德教育机制。在农村教育体系中，各要素是不平衡的，幼儿教育多于成人教育，文化知识教育多于道德养成教育。二是缺乏公德创建机制。城市对社会公德活动比较重视，会定期开展多种多样的活动；相比之下，较为落后的农村的社会公德活动就较少了，而且覆盖面不广，影响力不大，农民参与度也不高。三是公德模范机制不完善。经常出现在电视节目和公益宣传片中的道德模范往往是突出城市，与农村农民实际情况相差较远。对农民而言，距离感较大，示范性和可参考性相对较低，道德模范的榜样力量发挥不足。其四，基层政府的组织者和领导者的作用没有发挥出来。农村社会公德培育的主体是农民，而组织者和领导者是基层政府。基层政府没有深入基层贴近群众，没有广泛宣传动员群众，也没有重视农民在社会公德培育过程中的主体力量，社会公德培育活动的影响力和号召力较弱。这些意味着基层政府的领导作用和组织作用没有发挥出来，既没有将农民凝聚团结起来，也没有将农民组织起来，缺乏全民动员激励机制，不能激发广大群众的积极性，导致了社会公德培育的群众基础较差，难以形成全民广泛参与的生动局面。

第三节　农民公德培育的对策

新时代农民要具备与新时代发展要求相适应的社会公德素养，那就要进行社会公德培育。物质、精神、法治、组织等多管齐下、共同施策，才能提高新时代农民社会公德培育的实效性。

一、凝聚社会公德共识

中国的开放不但没有因为错综复杂的国际形势停下脚步，反而更加扩大开放了。这就需要在旧有价值观受到冲击的时候一定要坚守初心，积极引入符合时代发展要求的新精神文化要素，并根据社会发展和时代进步要求创立新的核心价值观，即社会主义核心价值观。社会主义核心价值观在充分继承中华优秀传统文化的基础上，融汇现代文明的发展成果，既包含了中华民族的价值追求，又展现了中国面向全球的世界情怀；既体现了历史继承性，又是时代创新的结果；既体现了中华民族的特殊性，又表现出中国文化与世界文化共生共荣的一面。正是因为这样的特质，社会主义核心价值观可以将来自不同地域、不同时期的多样化价值取向融合在一起，表现出优秀价值观的吸引力、凝聚力和向心力，使其在诸多价值观中因其优质取向和优越辨识度居于核心统领地位。

从宏观层面分析，社会主义核心价值观的价值统领作用，不但为处于思想快速变迁潮流中的人们指明了思维方式、价值选择的前进方向，更为抵制来自四面八方的利益诱惑、社会变迁的异常筑起思想堡垒，同时也是激发社会前进的精神动力。从微观层面分析，社会主义核心价值观作用于主体的精神领域，为人们的实践选择提供行动指导。价值观是行动的先导。无论是抽象理论上的提升凝练还是具体实践中的实际操作，都需要价值内核来规定方向，需要精神灵魂来凝聚力量，需要价值追求来规范标准。通过以上分析得知，社会主义核心价值观当之无愧要承担这一历史任务。在新时代农民社会公德培育过程中，必须将社会主义核心价值观的弘扬与培育贯穿始终，使农民的社会公德共识的凝聚有方向，社会公德的培育有引领。

（一）深入研究、紧密联系农民思想道德特征，找准切入点

农村的阶层结构比较复杂，主要表现在分化为不同的利益主体。不同利益主体必须使用不同的培育内容和方法，还要注意选择合适时机。例如，外出打工者的着力点是诚信意识、爱岗敬业、家庭孝道等方面；留守人员的重点放在乡规民约、生态文明、乡村振兴等方面；农村少年儿童首要任务就是熟记、熟背社会主义核心价值观的基本内容，使其精华融入思想，践行在行动，同时引导他们心中有榜样，凡事从个人做起、从小事做起，注重积累，在学习生活中养成好品德。

（二）扩大并坚实社会主义核心价值观培育的载体

在农村培育社会主义核心价值观需要贴近农村、贴近农民、贴近

生活的载体，如建设农村公共文化设施、创作农民喜闻乐见的文艺作品、创立农民喜爱的培育队伍、添置通俗易懂的图书报刊等，目的就是使社会主义核心价值观接地气，实现乡土化，容易将其精神实质潜移默化地融入农民的生产生活中，在生产生活中逐渐达到真正入脑、入心、入行、成习。

（三）农村干部特别是党员干部要做好践行表率

在农村社会主义核心价值观的落地生根必须重视政府的表率作用。即使受到多元文化的冲击，在农村的传统文化中，政府的权威性一直都存在。在农民的内心，农村干部，特别是党员干部，就是党和政府在农村的代言人，直接代表着党和政府的形象。无论基层干部是否在实际工作中践行社会主义核心价值观，都将成为农民效仿的对象。如果基层干部真正践行，榜样的力量就是正面的；如果基层干部不能践行，社会主义核心价值观在农村的培育与践行就会成为一句空话，更不要说号召力和影响力了。因此，农村干部只有从自身做起，将社会主义核心价值观的践行落实到自身行动中，才能发挥正面示范效应，从而带动普通农民践行并养成习惯，政府公信力也会因此大大增强，其他方面的工作也就容易完成了。

（四）完善社会主义核心价值观培育的农村保障体系

社会主义核心价值观在农村的落地生根需要建立完善的保障体系，以打通理论与现实的动态联系。其一，将抽象理论融入农村的各项建设之中，要使农民切身体会到社会主义制度的优越性和精神追求，社会主义核心价值观的践行力在涉农的政策和法律法规中体现出来。其二，要构筑社会制度体系，包括政策扶持、制度保障、经济支撑和社会支持等方面，使社会主义核心价值观的培育在经济上有基础、在政治上有方向、在文化上被推崇、在法律上有依据，形成较为完善的保障体系。另外，还需要建立农村社会的扬善体系，健全的扬善体系向农民传递着真、善、美的信息。

（五）要树立农村道德典型，发挥榜样示范作用

榜样在我国革命、建设和改革进程中一直发挥着重要示范作用，唤起人们的革命热情、鼓舞人们的革命斗志、激励着人们无私奉献

等。在道德培育过程中，道德模范的作用同样重要。道德模范往往体现着时代精神，是时代的共同回忆，是学习的标杆。每年"感动中国"评选出的道德模范，他们在各自平凡的岗位上践行着社会主义核心价值观，使高高在上的思想理论得以具体化、形象化、生动化，散发出强大的生命力和感召力，真正做到了平凡铸就伟大。当前，我们需要寻找农民身边的道德模范，没有距离感的模范更能够激发农民效仿的积极性。

二、夯实社会公德的利益基础，构建社会公德利益共同体

马克思主义对道德与物质的辩证关系作出过明确表述，认为道德是物质决定的社会意识。从最终意义上讲，物质利益是人类社会发展的最终决定因素，是人类道德形成和发展的物质基础。人既是物质性存在也是精神性存在，新时代社会公德培育不仅对人的行为规范和精神风尚提出了明确要求，更以保护公民的共同利益为目的。进一步说，人们最终是否愿意接受和践行社会公德，主要取决于人们是否形成了真正坚实的利益共同体，牢固的道德共同体必须建立在坚实的利益共同体基础之上，薄弱的利益共同体不可能产生牢固的道德共同体。因此，要增强培育社会公德的实效性，就要处理好保护个人正当利益与培育社会公德的关系。"不讲多劳多得，不重视物质利益，对少数先进分子可以，对广大群众不行，一段时间可以，长期不行……革命精神是非常宝贵的，没有革命精神就没有革命行动。但是，革命是在物质利益的基础上产生的，如果只讲牺牲精神，不讲物质利益，那就是唯心论。"邓小平将马克思主义的物质与意识辩证关系原理应用到具体实践中，明确了进行道德培育需要重视精神力量，但绝对不能忽视道德培育需要的物质基础。没有物质基础的道德培育是不可想象的，更是难以持久有效的。因此，新时代以维护共同利益为价值的农民社会公德培育，绝对不能离开物质基础而空谈道德培育，必须注意维护和保障个人的正当物质利益。否则，社会公德培育就成为无源之水、无本之木，它的培育就是不可想象的。

（一）坚持以经济建设为中心，夯实农民社会公德培育的物质基础

自改革开放以来，党和国家一直将经济建设放在中心位置，不管我国发展到哪个阶段，以经济建设为中心是千万不能动摇的。在保证经济发展质量的同时，及时调整经济发展速度，使其可持续地健康发展。如果经济建设搞不好，其他方面的建设就没有物质基础，就会沦为空谈。改革开放的40多年，我国综合实力日益增长，城市和乡村都获得不同程度的发展。

特别是农村，在我国各项改革中一直发挥着先行兵作用，农村的综合实力也与日俱增。但必须注意，这种增长以粗放式增长居多。这主要受到农民自身素质较低、农村自然条件复杂、交通条件不便等主客观条件的制约，农村经济难以实现可持续发展，而且城乡发展的不平衡成为影响全面建设社会主义现代化国家的最大短板。在全国仍然坚持以经济建设为中心，提升经济发展质量，把长板继续做长做优的同时，也要将短板拉长、补齐。党和政府自20世纪80年代以来就组织了大规模的扶贫行动，成绩巨大。尤其是党的十八大之后，以习近平同志为核心的党中央始终不忘初心、牢记使命，将人民利益放在心上。农村贫困人口的脱贫致富就是底线任务，把脱贫攻坚作为影响全面建成小康社会大局的大事来抓，为此实施精准脱贫战略，同心同德、群策群力，采取超常规举措，全面向贫困开战。在2021年2月25日召开的全国脱贫攻坚总结表彰大会上，习近平总书记发表重要讲话，向世界庄严宣告：我国的脱贫攻坚战取得了全面胜利。实践已向世界证明，这条中国式扶贫开发道路是以人民为中心发展思想的具体落实，是完全正确的道路。同时，我国为联合国扶贫开发工作也作出了重大贡献。

习近平总书记在党的十九大报告中庄严宣告，我国进入新时代的依据之一就是社会主要矛盾已经转化为人民日益增长的美好生活需要和不平衡、不充分发展之间的矛盾。为了巩固新时代、新矛盾下精准脱贫成果，以习近平同志为核心的党中央提出了"乡村振兴战略"，作出了振兴乡村发展的重要部署，继续巩固和升级精准脱贫成果，深

入推进乡村振兴，实现城乡融合发展、协调发展、可持续发展。乡村振兴战略深入实施以来，农村发展表现出质的飞跃，这里主要说两个方面。其一，农业生产有了质的飞跃。坚持饭碗要牢牢端在自己手中的原则，粮食产量连年稳中有升；产业结构不断优化，发展的可持续性增强；生产的科技含量增高，生产效率提升。其二，农民的可支配性收入有了质的飞跃，生活质量有所提升；农村的就业规模大且形式日益多样化；城乡收入的差距在持续缩小；农民的消费水平提升；农村的低保标准稳中有升。拥有了坚实的物质基础，农民的思想就稳定了，新时代农民社会公德观培育也就拥有了农民稳定的"心"。

（二）物质利益基础壮大的同时更要注意处理好分配与公平的关系

在物质基础夯实的同时，必须处理好分配与公平的关系。以按劳分配为主体，多种分配方式并存的分配制度是我国实现共同富裕的基础制度前提。按劳分配为主体是社会主义的本质要求，有利于消除两极分化，实现共同富裕。贫穷不是社会主义，平均主义不是社会主义，贫富两极分化更不是社会主义。收入分配制度应该是既能促进生产力发展，调动劳动者的积极性和创造性，又能保障公平，防止贫富两极分化，逐步实现共同富裕。如果不能促进生产力发展，物质基础就会薄弱；如果不能保障公平，造成严重两极分化，就会影响社会稳定。因此，在分配中，既要注重效率又要兼顾公平。在社会主义初级阶段，农村的劳动、资本、土地等有形生产要素日益发挥重要作用，同时知识、技术、管理、大数据等无形生产要素已然日益融入生产中，其作用也是越来越被重视。因此，为了调动各方面的积极性，使所有生产要素的活力竞相迸发，让创造财富的源泉充分涌流，就要保证各种生产要素参与到收入分配中，并获得相应的收益。如此，各种生产要素的作用才能充分发挥，资源配置的效率才能提高，农村经济发展的潜力才能充分释放。如果没有处理好收入与分配的关系，出现不劳有得、少劳多得等现象，势必会打击农民的生产积极性。

坚持以经济建设为中心不动摇，提升农村经济发展质量，夯实物质基础，构建农民的利益共同体。处理好收入和分配的关系，兼顾公平与效率，使农民的利益共同体得到质与量的多倍提升。如此，农民群众的获得感成色更足、幸福感更可持续、安全感更有保障。利益共同体形成了，社会公德的共识也就容易形成了，新时代农民社会公德培育的凝聚力、感召力和向心力才能不断增强。

三、培育现代公民意识和公共精神，夯实新时代农民社会公德培育的思想基础

在社会转型期，传统私德的惯性依然很强大，依然影响着农民在生产生活中处理各种社会关系的思维方式和具体方法。现在的社会转型是按照现代社会的发展要求进行的。现代社会，农民的公共生活领域不断扩大，交往对象日渐增多，交往频率日益提高，利益交汇点日益复杂。如此，社会交往需要遵守社会公德规范，需要农民具备现代公民意识和公共精神。公民意识是社会意识的一种形式，指生活在国家中的公民对个人地位的自我认知。公民意识是较为高级的自我意识，是和现代社会发展相适应的现代意识，包括人格意识、自由意识、责任意识等。从农民社会公德培育角度来看，主要是培育农民的主人公意识和社会责任意识。公共精神相较于公民意识更为高级，是公民在参与社会公共生活时产生的公共理性，反映了社会成员的精神风貌和深层次的精神文化心理。公共精神的内涵十分丰富，从农民社会公德培育角度讲，主要指利他精神和责任精神。公民意识和公共精神不是单独而存在的，是在现代社会公民不断全面把握个人与社会关系的过程中相伴而生的，两者是密切相关的。

（一）培育农民的公民权利与义务意识

权利与义务是现代公民概念的核心要素，我国宪法就明确规定了公民的基本权利与义务。美国著名教授雅诺斯基认为："公民是个人在一民族国家中，在特定平等水平上，具有一定普遍性权利与义务的被动及主动的成员身份。"权利与义务是公民身份的基本象征，那么公民概念的实在意义又在什么情况下成立的？那就是国家以法律形式承认公民身份的有效性，而且公民也意识到自身身份存在并努力争取自身权利、主动承担相应义务、履行相应责任。在新型城镇化推进

中，农民的权利与义务意识已经觉醒并提升，这说明农民已经认识到自身公民身份的存在。随着乡村振兴战略的深入实施，农民的权利和义务成为实现政治民主化和农业现代化的重要表现，也是农民身份向公民身份转变的标志。

长期以来，许多农民为了生存和发展离开家乡到城市去打拼，成为"农民工"的一员。他们常常从事着城市中最为繁重、最为辛苦、环境最恶劣的工作，但没有享受到与城市居民同等的权利，如择业就业权利、子女受教育权利、医疗保险和社会保障权利等。更为严重的是，在一些工作环境恶劣的地方，他们连基本的人身安全都得不到保障。权利与义务意识比较薄弱的农民往往对此采取隐忍的态度或自愿放弃自身正当权利。加强农民的权利与义务的意识教育，可以使农民明白：权利是他们作为国家合法公民的基本权利，是生存的必要条件，是作为公民的本质规定，任何人都不能剥夺。加强农民的公民意识教育，就在于使农民体验到作为公民应该享受到和城市居民一样的权利，如平等就业权、劳动和社会保障权、教育和发展权、政治参与权、话语表达权和基本公共服务权等。同时，强化公民的权利与义务教育，还要使农民认识到，每个公民的权利与义务是统一的，争取自身权利的同时不能损害他人权利，在享受自身权利的同时必须对他人、社会和国家履行相应的义务。

（二）培育农民的责任意识

责任意识是新时代农民社会公德培育的重要内容。在社会公德领域，一些失德失信失范行为之所以屡禁不止，其重要原因就是这部分人没有对社会公共生活的责任心。正因为没有责任心，他们只关注个人利益，不关心社会利益是否受到侵犯。尽管每个人都希望自己生活的社会和谐安定有序，但有部分人总是愿意享受成果却从来不愿意为之付出努力，心中没有"守护公德，人人有责"的意识。他们认为社会公德是小事，可有可无；认为社会公德培育是他人的事情，与自己没有关系；认为为维护社会公德而放弃个人利益是很傻的事情。总之，诸如此类关于社会公德的错误言论存在的根本原因是误读了个人与社会的辩证关系。社会由单独个体组成，个体只有在社会中才有价值和意义。首先，社会公德表面看是小事，但不积小善就成就不了大德。"海不辞水，故能成其大；山不辞土石，故能成其高"，无数小善定能筑起牢固的社会公德长城。正如习近平总书记在给郭明义爱心团队的回信中所指出的："积小善为大善，善莫大焉。"只有从平凡的小事做起才能塑造高度的社会文明。同理，"千里之堤，溃于蚁穴"。实际上，社会公德没有小事，因为社会公德是关系社会全体成员的道德规范，如果处理不好就可能发生惨痛的悲剧，社会生活中发生的类似教训必须铭记。其次，个人与社会的关系就是细胞与有机体的关系。细胞是组成有机体的要素，无法脱离有机体单独存在；有机体是成千上万个细胞组成，没有细胞存在也就无所谓有机体了。一个细胞被致癌因子激活转化为癌细胞，如果不及时治疗，它有可能扩散从而破坏整个有机体的健康。所以社会公德不是对一部分人的个别要求，而是需要全体公民的共同遵守。最后，每个人都是社会有机体的细胞，个人利益和社会利益不可分割。如果为了绝对的个人利益，切断与外界的联系，最终会作茧自缚。没有绝对的个人利益，对社会利益的漠视最终肯定会伤害自身的利益。正如恩格斯所说的，文明已经教我们懂得"只有维护公共秩序、公共安全、公共利益，才能有自己的利益"。只有每个农民都真正领悟个人与社会的辩证关系，才能突破社会公德培育的瓶颈，自觉履行社会责任，共同守护好社会文明。更进一步讲，人之所以为人，是因为人具有社会属性，任何人不能离开公共领域而真空式存在；人之所以为文明人，是因为现代社会的人具有高度的自我约束性和相应的社会约束性。

无论是培育农民的主人公意识和社会责任意识，还是培育农民的利他精神和责任精神，都需要加强乡村的文化建设，为新时代农民社会公德培育塑造向上向善的乡村文化氛围。其一，做好乡村文化创意设计工作。创意工作的第一步就是进行资源的调研与整合，深入掌握乡村文化的所有情况，本着传承优秀传统文化的原则，深入挖掘乡村优秀的农耕文明中蕴含的社会公德培育资源，并根据时代发展需要赋予其新的内涵，体现本土性与时代性的统一，乡土性与现代性的统一，历史性与实用性的统一。与此同时，还应注意满足农民的物质消费需要和精神消费需要。新时代，农民的消费需要多样化、多层次化，对文化创意产品的要求也日益提升，因此要深入农民群体汲取民间智慧。另外，更要注重传承与保护。在这里主要指非物质文化遗产的传承，比如说剪纸艺术。在有的村子，剪纸的技术已经失传了，主要原因除经济价值比较小外，还与剪纸所反映的内容有关。剪纸艺术做得好的村子，其共同做法是将时代发展特点融汇到剪纸中，既传承又保护。要传承就必须反映时代特点，才能够被越来越多的人接受。这样的乡村文化创意产品才会具有魅力。传承下去就是最好的保护方法。其二，坚持正确政治方向，加强乡村思想文化建设。引导农民认识乡村文化的价值，重拾文化自信，形成文化认同，树立文化强村的意识。乡村文化建设的主体是农民，举办任何文化活动必须依靠农民。另外，要积极推动城乡文化的相互交流。城乡融合发展不是单纯指经济发展，应该包括文化方面。乡土文化带给城市文化"根"的智慧，城市文化带给乡村文化时代的气息，达到增强乡土文化向心力和感召力的作用。其三，加大文明乡村的创建力度。农民社会公德培育要融入文明乡村创建过程中，二者应是相辅相成的。农民社会公德培育效果好可以提升文明乡村创建主体也就是农民的践行能力，文明乡村创建好，就可以为农民社会公德培育提供新载体，使乡风文明深入农民生产生活的各个方面，使讲文明成为农民的行为遵循。

四、自律与他律双管齐下，坚实新时代农民社会公德培育的制度保障

知行统一是高尚道德人格的基本要求。农民在践行新时代社会公德规范时，有时会出现知而不行、知行不一等知行脱节的现象。知行脱节既与外在约束、教育、引导等不力相关，又涉及个体的道德真知程度，还与个体道德真知的内化程度有关。一方面，社会对公民社会公德行为的监管、评价等存在不足，另一方面，部分农民对社会公德规范的践行能力不够。因此，知行合一既需要内在的自律也需要外在的约束和引导。农民的整体素质相对较低，社会公德意识相对薄弱，再加之农民特殊的生产生活环境和古老传统，在社会公德培育中既需要发挥乡规民约的自律作用，也需要发挥相关法律法规的他律作用，二者彼此配合，共同发力。

（一）新时代农民社会公德培育要注重乡规民约的自律作用

农民社会公德培育要发挥自律作用，农民提升自身素质可以有效发挥自律作用，更要发挥历史悠久、影响深远的乡规民约的自律作用。村规民约孕育于中国传统社会之中，彰显着我国传统法律文化"诚""信""善"的内涵。它反映着国家法律的精神，蕴含着国家文化的精神实质，支撑着乡民社会的亘古信念。社会公德培育，就要将乡规民约融入相关道德规范中，形成中国特色新时代农民社会公德观培育。《乡村振兴战略规划（2018—2022）》中也强调，让德治滋养法治，涵养自治，让德治贯穿乡村治理的全过程。这不仅符合现代公民社会公德培育的客观要求，也与农村社会所特有的乡规民约精神相符合，可以在农村社会风俗和现代社会道德要求的融合中进行社会公德培育。

乡规民约是乡村治理中的一种非正式的治理制度，是对法治的补充，对人们的行为具有软性约束作用。加强农村社会公德观培育，要善于发挥乡规民约的道德教化功能。首先，要根据时代发展的要求扩大乡规民约的调节和约束范围，对社会生活中法律没有约束到的方面进行补充，如禁止村民占用公共资源、保护乡村环境卫生、爱护公共设施、拒绝大办酒席铺张浪费等，将法治和德治相结合。其次，要增强乡规民约的规范性。社会主义市场经济体制在农村不断发展，激发了农村经济发展活力的同时，各种新矛盾新问题也随之出现。乡规民约中的有些成分不适应时代发展要求，需要进行规范。一方面，农民的主体意识需要增强。农民是乡规民约的制定者、执行者和受益者，在规范乡规民约过程中要充分尊重农民表达自身利益诉求的权利，倾听农民的意见，得到大多数农民的认同和支持，这样的乡规民约才能落地生根，也有利于农村社会秩序的稳定。另一方面，乡规民约的制定程序需要规范。乡规民约要适合农村的实际，不能犯"依照葫芦画瓢"的错误，要体现农村的特殊性。同时，制定程序也要科学民主。在制定过程中，要将党的群众路线贯彻其中，要经过广泛的民主的群众讨论，集中群众最关心的问题，确保制定程序的公开性和公平性，制定出符合本村实际特色的乡规民约。与此同时，乡规民约的内容也需要规范。乡规民约的内容不能与国家和地方法律法规相冲突，要围绕农民关心的热点问题，制定贴合农民切身利益的制度规定，并定期对相关内容进行补充和修订。还要建立健全乡规民约的实施保障机制，监督村规民约的制定和执行，建立相应的奖惩机制，表扬高尚道德行为，批评制止不道德行为。

（二）新时代农民社会公德培育也要发挥法律规范的他律作用

农民社会公德培育需要构建惩恶与扬善相结合的法治保障体系。正如罗纳德·英格尔哈特所言："人们信任制度并不是相信制度本身，而是信任制度内在指向的价值规范和道德模式。"因此，社会公德法制化，相关法律、制度应该是社会公德的共识化凝结，必须把内含于社会公德的公平正义、扶危济困、文明向善等价值元素和伦理精神融入法制规范之中。社会公德法制化的过程是社会公德从自为立法转向强制性规约的过程，即借助法制的震慑与激励作用促使人们将社会公德要求内化于心、外化于行、固化于习的过程，必须体现奖惩并重、赏罚严明、执行有力的特征。除《中华人民共和国宪法》中的相关法律规定外，颁布和实施专门针对社会公德培育的专项法律是最理想方案。如果时代发展条件不允许，社会公德法又难以马上制定，中央精神文明建设指导委员会要进行顶层设计，牵头并联合具有行政执法权的部门，建立完善维护社会公德的制度保障体系。但制度保障体系并不等于制度执行力，再加上农村与城市又有不同，因此组建专门的制度执行队伍和监督队伍、细化制度奖惩细则等具体方式，更容易强化制度执行力度，充分彰显制度的感召力与威慑力，使农民普遍对社会公德产生敬畏之心与敬仰之情。再者，在社会主义市场经济体制还不完善的现阶段，个人利益与集体利益还是存在不同程度的张力和矛盾的。在某些特殊时刻，践行社会公德规范往往意味着短期内个人利益得不到满足，甚至会遭受损失，通过立法建制、加大执行力度的方式发挥法律的强制性他律作用和功能就显得尤为重要了。如果不严厉惩治失德行为，就会无意间扩大失德行为的生存空间，就会发生"劣币驱逐良币"的恶性循环。

五、数字化治理是新时代农民社会公德培育的技术支撑

随着技术革新，人类逐步从农业文明发展到工业文明，再发展到信息文明，直到当前的数字文明。互联网、大数据、物联网、云计算、人工智能、区块链等新技术成为数字文明时代到来的标志。数字文明深刻地改变着人们的生活方式和生产方式，同时深刻变革着社会治理的方式。党的十九届四中全会明确提出，要运用新技术创新社会治理方式，并完善其制度规则。数字化治理因为万物互联化和数据泛在化的优势成为社会治理的新技术，代表了社会治理发展的新趋势，可以节约成本，提高社会运行效率。

新时代农民社会公德培育需要新技术的融合，发挥数字化优势，提升农民社会公德培育的实效。据中国互联网络信息中心（CNNIC）发布的第 45 次《中国互联网络发展状况统计报告》显示，2020 年我国农村网民规模增至 2.55 亿人，农村互联网普及率达46.2%。农民通过互联网在各种平台进行直播，销售农产品、宣传当地风土人情等，农村特色产业经济搞活了，农民旅游经济也搞活了。因此，数字化治理可以作为新时代农民社会公德培育的技术支撑。当前，网络已经成为农民重要的社会生活活动的崭新领域，为农民的社会公德培育提供契机，但也使农民社会公德培育面临着一些新的实践问题。网络上的实践问题就必须依靠网络来解决。怎样使用数字化治理优势呢？利用网络的便捷性，丰富网络道德实践活动，壮大网络公益力量，以重大节日为契机，开展形式多样的网络公益活动，形成全民参与互联网公益的活泼局面。拓展"互联网+"的各种公益模式，促进人们参与公益的主动性，逐步形成明德修身、服务社会的品德修养。如清明节的网上祭奠活动的形式，是一种既可以寄托我们对亲人的怀念和哀思，又可以节约资源、保护环境的文明方式。

新时代农民社会公德培育的数字化，需要与新时代我国的信用体系建设相结合。目前，一些发达国家和地区已经利用新技术建立了比较完善的社会信用体系，较好地规范和约束了人们在社会公共生活中的行为，已经有效形成了阻断社会失德失信行为再发生的局面。我国社会信用体系的建设起步较晚，2020 年初上线的第二代个人征信系统

虽然被称为我国"史上最严"的征信系统，但也只是针对个人在经济领域的消费行为，失信者也只是限制其消费行为。迄今为止，我国还没有建立起规范社会公共行为的信息系统。个体失范行为的成本过低，低到违反社会公德规范的人们毫不在意，以至于失德失范行为很快被淹没在节奏快速的社会生活中。一些失德失信行为也没有及时得以矫正，向人们释放出社会公德不重要、社会公德规范可以不遵守的信号。农民的主要生产生活区域都在人口密度相对较低的农村，好像没有太多的公共问题需要处理，但也必须遵守社会公德。

那就需要借助新技术手段，把包括个人征信系统在内的个人资源数据库进行整合，建立我国公民的公共行为规范信息系统，记录公民的社会公德状况，成为"信用通行证"。在信息系统中，不但要记录个人的失德失信行为，特别是"惯犯"，更要记录个人自觉遵守社会公德的行为。记录个人的失德失信行为，给予相关的严厉处罚，既规范了失德失信行为，提高了失德失信行为的成本，也挤压了失德失信行为的生存空间，降低了失德失信行为的再发生概率。记录个人自觉遵守社会公德的行为，要及时给予表扬，以精神表扬为主，并给予适当的物质奖励，向社会传播向上向善的正能量。建立同时记录个人失德失信行为和遵守社会公德行为的信息系统，最终目的不是惩罚也不是表扬，而是为了在社会上形成失德者寸步难行、守德者畅行无阻的局面，社会秩序得以良好运行。

新时代强化农民社会公德观培育的原因复杂多样，可以归结为一个词，那就是"需要"。需要是天性，需要是本能。新时代农民道德观培育是乡村振兴战略深入实施的重要任务，是一个系统工程。其中，农民社会公德是农民整个道德体系的基础，提高农民社会公德素养是强化农民道德观培育的重要一步。社会公德相对于职业道德、家庭美德、生态道德和个人品德而言，是调节范围最广、涉及人群最多的，其培育难度也应是最大的。目前在社会公德领域呈现出积极健康向上的良好态势，但不可回避的问题是，农民社会公德水平还不能满足"需要"，不能满足良好国家形象的塑造需要，不能满足新时代社会公德观念及功能弱化的应对需要，不能满足社会变迁和生产方式的快速变革需要，不能满足农村优秀传统文化的传承需要，不能满足中国特色社会主义的发展需要。新时代社会公德规范的内容丰富、特色鲜明，当前形成农民社会公德现状的原因复杂又特殊。因此，培育农民社会公德观，既要采取一般社会公德的原则和方法，也要根据当前我国基本国情和农村的历史传统，找到体现农村特色的具体途径。新时代农民社会公德培育是提升农民社会公德素养，进而实现农民道德自治的重要途径。因此，在培育过程中要以尊重农民的个人权利为前提，德治既是对个人权利的充分肯定，也是对他人权利的充分尊重。在正常的社会秩序运行过程中，毫无节制地利己和毫无底线地利人对于农民的德治而言都将是一场没有结果的闹剧。

第四章　农民家庭中的沟通与礼仪

农民现代家庭礼仪是农民在现代家庭生活中，用来沟通思想、交流信息、联络感情而逐渐形成的约定俗成的行为准则和礼节、仪式的总称。

第一节　现代农民家庭中的沟通与礼仪概述

本节学习农民家庭现代礼仪的特点和内容、家庭的类型等知识，让农民对现代家庭礼仪有初步的了解，并且能认识到农民现代家庭礼仪在幸福家庭建设中的重要性。

一、农民现代家庭类型和农民现代家庭礼仪

（一）农民现代家庭的类型

现今社会人们的关系越来越复杂，家庭的类型也有了许多改变，下面就介绍家庭的几种类型。

（1）核心家庭。父母与没有成家的子女一起组成的家庭。

（2）扩大家庭。除父母和孩子外，还有爷爷、奶奶、姥姥、姥爷或者叔叔、伯伯、姑姑等在一起生活的大家庭。

（3）缺损家庭。如果父母离婚，孩子跟着父亲或母亲一方生活，或者父母中有一人去世，孩子由父母中的一方带着生活的都属于缺损家庭。

（4）特殊家庭。再婚的家庭，或者家中有养子女的家庭等。

（二）农民现代家庭礼仪

俗话说得好，家和万事兴。"父子和而家不败，兄弟和而家不分，乡党和而争讼息，夫妇和而家道兴"，这个"和"就是建立在礼仪基础上的，是相互谦恭礼让的意思。

想一想，在我们生活中，如果人人都懂得谦恭礼让，那么幸福和谐的生活离我们还会远吗？

二、农民现代家庭礼仪的特点和内容

（一）农民现代家庭礼仪的特点

农民现代家庭礼仪有什么特点，我们仔细分析一下就会得出这样的结论。

（1）以血缘关系为基础。家庭礼仪主要是体现在家庭成员之间的，而家庭成员之间又是以血缘关系、感情关系为核心的。

（2）以感情联系为目的。亲友间的感情有了血缘关系的基础，还得需要一定的礼仪手段来维持、强化和巩固。比如说婚嫁喜庆、乔迁新居、寿诞生日等，都是通过礼仪的传播，互相礼尚往来，加强感情联系的。

（3）以相互关心为原则。因为有了亲情的纽带，家人之间更能体现真诚的关怀和无私的帮助。真诚的祝贺、耐心的劝导、热情的帮助本身就是合乎礼仪的。

（4）以社会效益为标准。在家族的传承中，我们也感觉到了家庭活动中的许多礼仪、礼节始终也是变化发展的，比如说封建社会的婚礼有拜堂入洞房等复杂的环节，而现在出现了许多如集体婚礼、旅游结婚等新的婚礼程序。但有一点却是可以肯定的，那就是要评判一种家庭礼节仪式是否是进步的、合乎礼仪规范的，只要看它是否能产生很好的社会效益这一标准就可以了。

（二）农民现代家庭礼仪的内容

（1）农民现代家庭称谓。礼仪称谓也就是平常所说的称呼。对于称谓礼仪我们主要着重注意两点：一是礼貌性，二是规范性。

（2）农民现代家庭成员礼仪。成员礼仪主要是说农民家庭成员之间的礼仪规范，比如说夫妻之间的礼仪、父母之间的礼仪、兄弟姐妹之间的礼仪等。

通过后面的学习，我们会详细了解家庭称谓礼仪、家庭成员礼仪。

第二节　现代农民的称谓礼仪

我国自古就是一个礼仪之邦，在称谓方面非常讲究。称谓礼仪也是体现一个家庭文明与否的重要标志。本节学习农民现代家庭称谓礼仪，包括亲属称谓和亲属合称的称谓礼仪。

一、亲属称谓

（一）子女称呼父亲

（1）口头、当面均称"爸爸""爹""达达"等。"爸爸"的称呼在城市中普遍，而"爹""达达"在农村的一些地方仍普遍使用。

（2）书面或对外称"爸爸""父亲""家父""高堂""老爷子""老爹""老人家"等。

（二）子女称呼母亲

（1）口头、当面均称"妈""娘""妈妈"等。

（2）书面或对外称"母亲""家母""我妈""老母亲""老娘""老太太""老妈""高堂"等。

（三）子女对双亲的合称

（1）口头、当面均称"爸妈""二老""爹娘"等。

（2）书面或对外称"双亲""爸爸妈妈""二老""父母"等。

（四）孙子称呼祖父、曾祖父

（1）口头、当面均称祖父为"爷爷"；称曾祖父为"老爷爷""太爷爷"；称高祖为"老老爷"。

（2）书面或对外称"祖父""曾祖父""高祖父"等。

（五）孙子称呼祖母、曾祖母

（1）口头、当面均称祖母为"奶奶"；曾祖母为"老奶奶""太奶奶"；高祖母为"老老奶"。

（2）书面或对外称"祖母""曾祖母""高祖母"等。

（六）称呼父亲的哥哥

（1）口头、当面均称"大爷""大伯""大大""大爹""二爹"等。

（2）书面或对外称"伯父""大伯"等。

（七）称呼父亲的弟弟

（1）口头、当面均称"叔叔""大叔""二叔""三叔""大爹""二爹"等。

（2）书面或对外称"叔父""小叔"等。

（八）称呼伯父的妻子

（1）口头、当面均称"大娘""大妈""二娘""二妈"等。

（2）书面或对外称"伯母""大娘"等。

（九）称呼叔父的妻子

（1）口头、当面均称"婶娘""婶子"等。

（2）书面或对外称"婶母""婶娘"等。

（十）称呼姐妹

一般都称"姊妹"，当面或书面称呼都是"姐姐""妹妹""大姐""小妹"等。

（十一）称呼兄弟

（1）口头、当面均称兄为"哥哥"，弟为"弟弟"。

（2）书面或对外均称兄为"兄长""兄台"；称弟为"弟弟""老弟"等。

（十二）丈夫称呼妻子

（1）口头、当面均可以直呼妻子的名字，或者叫"小某""老某"；农村有些地方叫"孩子他娘""孩儿他妈"。

（2）书面往往直呼妻子的名字，或是"亲爱的某某某"。对外人称"爱人""老婆""内人""妻子""夫人""家里的"；年龄大时则称为"老伴""老婆子"。

（十三）妻子称呼丈夫

（1）口头、当面均称"当家的""孩子他爹""他爸""老张"

"老李"或直呼其名。

（2）书面或对外称"男人""我那口子""丈夫""爱人""孩子他爹""孩儿他爸""老伴儿"等。

（十四）妻子对丈夫父亲的称呼

（1）口头、当面均称"爸爸""爹爹""达达"，是随着丈夫称呼的。

（2）书面或对外称"公公""公爹""孩子他爷爷"。

（十五）妻子对丈夫母亲的称呼

（1）口头、当面均称"妈""娘"，是随丈夫称呼的。

（2）书面或对外称"婆母""婆婆""妈妈"。

（十六）妻子对丈夫兄长的称呼

（1）口头、当面均称"哥哥""大哥""二哥"等。

（2）书面称"哥哥""大哥"等。对外称"大伯子"。

（十七）妻子对丈夫弟弟的称呼

（1）口头、当面均称"兄弟""弟弟"或直呼其名。

（2）书面称"弟弟"或直呼其名。对外称"小叔""他二叔""他三叔"等。

（十八）妻子对丈夫姐姐的称呼

（1）口头、当面均称"姐姐""大姐""二姐"等。

（2）书面称"大姐""二姐""姐姐"等。对外称"大姑子""孩子他大姑"。

（十九）妻子对丈夫妹妹的称呼

（1）口头、当面均称"妹妹""小妹""大妹""二妹"等。

（2）书面称"妹妹""小妹"等。对外称"孩子他小姑""小姑子""小姑"。

（二十）妻子对丈夫兄弟配偶的称呼

（1）口头、当面称呼。幼称长为"嫂""嫂子"；长称幼为"弟妹"，或直呼其名。

（2）书面互相之间称为"妯娌"。对外称"嫂子""孩子他婶"等。

（二十一）兄对弟妻子的称呼

（1）口头、当面均称"弟妹"或直呼其名。

（2）书面称"弟妹"。对外称"兄弟媳妇""弟妹"等。

（二十二）弟对兄妻子的称呼

对外、当面、书面均称"嫂子""大嫂""二嫂"等。

（二十三）祖父母称呼孙子辈

对外、当面、书面均称"孙子""孙女""孙子媳妇"，或直呼其小名、大名。

（二十四）父母称呼子女

对外、当面、书面均称直呼其小名，或爱称"小子们""闺女"。称儿子为"小子""大小""二小"等，或者直呼其名。称女儿为"闺女""丫头""妞儿""妮子"，或者呼其名字或乳名。

（二十五）称呼兄弟的儿女

对外、当面、书面均称"侄儿""侄女"。出嫁之后的姊妹则对外称"娘家侄儿""娘家侄女"。

二、常见亲属合称

祖孙（祖父与孙子女）、父母、父子、母女、叔伯（叔父与伯父）、叔侄（叔父作父与侄儿侄女）、公婆、翁姑（对丈夫父母的旧称）、翁媳（公公与媳妇）、婆媳、翁婿（岳父母与女婿）、舅甥（舅父舅母与外甥）、兄弟、姐妹、夫妻、妯娌（兄媳与弟媳）、姑嫂（丈夫的姐妹与嫂子、弟媳）、连襟（姐妹的丈夫）、郎舅（姐妹的丈夫与其兄弟）等。

第三节　现代农民家庭中的沟通与礼仪的特点及内容

农民现代家庭成员，主要指家庭核心成员。相对于城市家庭来说农民家庭关系相对复杂，因此这里重点学习夫妻之间的礼仪、父母子女之间的礼仪，婆媳之间的礼仪、兄弟姐妹之间的礼仪以及妯娌之间的礼仪等诸多内容，掌握好成员之间的各种礼仪，为建立和谐稳定的农民现代化家庭打下坚实的基础。

一、夫妻之间的礼仪

有些农村青年认为，两人结了婚，都是一家人了，还有什么可见外的，还讲什么礼仪。于是，一些夫妻彼此很随便，开玩笑也没有了尺度，有时无意中伤害到对方，影响了双方的感情。这样来看，夫妻在家庭生活中朝夕相处，若要保持爱情的甜蜜，就应当讲究夫妻相处的礼节。

在我国有一对一辈子相敬如宾，堪称夫妻的楷模，这就是周恩来和邓颖超。他们总结出的夫妻相处的宝贵经验是"八互"，即互敬、互爱、互学、互助、互让、互谅、互慰、互勉。这八条宝贵的经验，值得我们每对夫妻学习和借鉴。

（一）夫妻日常礼仪

（1）互敬就是相互尊重，相敬如宾。

（2）互爱就是说互相体贴，温情脉脉。俗话说得好，"知夫莫若妻""知妻莫若夫"。夫妻在一起生活，相互了解彼此的性格、爱好和生活习惯等。丈夫不要在婚后变得粗暴，妻子也不要在婚后变得俗气。体贴对方的话要常讲，关心对方的话要常说，不要忘了感情交流。

（3）互学就是互相学习，取长补短。夫妻俩各有长处，无论在工作上，还是在日常生活劳动中，都要多看对方的长处，学习对方的优点，弥补自己的缺点，不断进步。

（4）互助就是互相支持，互相帮助。夫妻应共同承担家务事，家里有地的丈夫不妨多干点儿体力活。夫妻如果有事业，如一方在外上班或打工，另一方守家的农民家庭，夫妻双方一定要互相支持，共同走向人生的辉煌。

（5）互让就是互相谦让，千万不要唯我独尊。夫妻之间要提倡平等，遇事多商量。丈夫不要以"大男子主义者"自居，妻子千万不可一意孤行，"你敬我一尺，我敬你一丈"，彼此多给对方一些理解和自由，夫妻感情会更加亲近、牢固。

（6）互谅就是学会宽容，互相谅解。俗话说："金无足赤，人无完人。"丈夫可能做事比较粗心，妻子要能够容忍；妻子或许比较啰唆，丈夫要予以谅解，彼此应求同存异，互相靠拢。

（7）互慰就是互相关照，彼此安慰。在漫长的生活道路上，我们都知道不可能事事称心如意，一帆风顺。当一方在前进的道路上遇到挫折时，另一方不要讽刺、挖苦，甚至奚落，而应当多安慰对方，一起分析受挫的原因，总结经验教训，让失败变为成功之母。

（8）互勉就是互相勉励，互相鼓舞。当一方取得成功时，另一方应表示热烈祝贺，并一起分享成功时的欢乐，同时激励对方再接再厉，不断开拓、前进。夫妻不论在顺境还是在逆境，都要互相理解、互相信任、互相支持、携手并肩，一步步走向胜利的彼岸。

【事例】一个发生在农村的故事：一个女人入洞房那天，早早收起了自己的鞋，等男人脱鞋上炕，女人却双脚踩在男人的鞋上。男人见了，笑着说："还挺迷信。"女人却认真地说："俺娘说了，踩了男人的鞋，一辈子不受男人的气。"男人说："俺娘也说了，女人踩了男人的鞋，那是一辈子要跟男人吃苦受罪的。"

于是女人开始试探着管男人，先从生活小事儿开始，支使男人拿尿盆、倒尿罐，生活琐事男人全干了。地里的庄稼女人说种啥，男人就种啥。左邻右舍的相处，女人说跟谁走近点儿、跟谁走远点儿，男人全听女人的。男人正跟人闲侃，女人喊一声，男人像被牵了鼻子的牛，乖乖就回去了。男人正跟人喝酒，女人上前只扯一下耳朵，就被拽进家。有人激男人："这女人三天不打，她就上房揭瓦。你也算个男人，怎能让女人管得没有一点男人的气概？若是我的女人，非扇她两鞋底不可。"男人不急不慌地说："把你的女人叫来，我也舍得扇她两鞋底子。"那人急了："你懂个好赖话不？上辈子老和尚托生的没见过女人！真不像你爹的种，怕老婆！"

村里人再有大事商量，男人一出场，人们就说："这商量大事你也做不了主，还是把你家女人请来吧。"男人还真把女人叫来了。女人能管住男人觉着很得意，直到有一天女人在男人耳边说起了婆婆的不是。男人红了眼，一声吼："想知道我为啥不打你吗？就因为我老娘，我娘一辈子不容易，我爹脾性暴躁，稍有不顺心，张口就骂，举手就打，我爹打断过胳膊粗的棍子，打散过椅子。我娘为了我们几个孩子，竟熬了一辈子。每次见娘挨打，我都发誓，我娶了女人决不动她一指头。不是我怕你，是我忘不了我老娘说的话，她说女人是被男人疼的，不是被男人打的。"

女人惊呆了，她没想到男人的胸怀竟这样宽广。

从此，男人在外再同人神吹海喝，女人不喊也不再拽耳朵，有时会端碗水递给男人。有人问男人："咋调教的？"男人却一本正经地说："打出来的女人嘴服，疼出来的女人心服。"

男人的忍让、宽容可以融化妻子的心。夫妻双方心灵的相通才是最重要的。

（二）夫妻之间的性生活礼仪

1. 夫妻双方共同遵守的规则

（1）保持贴身内衣裤的整洁，不洁的内衣裤会影响人们在亲昵时的情绪。

（2）被褥要清洁卫生，尤其不能留有上次亲昵时留下的污渍。

（3）亲昵时不应该谈论与性和爱无关的事情。在夫妻肌肤之亲时不要想着别的事情，或是摆出一副漠不关心的"无所谓"的架势。

（4）面对对方的身体，要表露出一种赞美、欣赏的样子。起码不应抱有鄙视、嫌弃和敌视的态度，因为这样做不仅会伤害对方而且会影响自己，而对性爱产生负面效应。

（5）在对方身体疲惫、心绪不佳或患病、不适时，自己不要主动提出做爱，更不能强求对方做爱。夫妻性事，本身是一种索取，又是一种奉献，这就意味着双方都要有所取舍。

2. 男方的性行为规则

（1）酒后不宜入房，要是妻子在这时受孕还会影响胚胎的质量。

（2）"爱"是一种完美绝妙的乐曲，先有"序曲"，然后才能达到高潮。而不能草率从事，速战速决，只顾自己发泄，不问别人痛痒。

（3）在亲昵中切忌言语粗俗，动作粗暴。因为粗俗和野蛮并非阳刚之气和爱意激情的最好表达。

（4）性事后，丈夫千万不要倒头便睡，而应该给妻子以必要的温存和爱抚，以使这首"爱"的乐曲有一个美妙而令人回味的结尾。

3. 妻子的性行为规则

（1）性爱是有赖于夫妻双方共同完成的情感行为活动，是夫妻生活的重要组成部分，应该主动与丈夫一起共同完成这曲美妙和谐的二重奏。

（2）对丈夫合理的要求不要轻易拒绝，而在拒绝的同时最好给以承诺和补偿。

（3）如果丈夫在亲昵中偶尔出现射精过快和勃起不力，千万不要讥笑或挖苦丈夫，因为这样会对丈夫产生不良的暗示作用，使情况更趋恶化。

（4）在亲昵中妻子不能故作矜持，应该诚实应答，特别是对丈夫的积极表现应给予必要的肯定和鼓励。

（5）在与丈夫亲昵时，不要把性作为筹码向丈夫提要求，诸如要丈夫给自己买衣服或首饰。这实际上是向丈夫索取性酬劳，把高尚纯洁的性爱变成了庸俗的性交易。

（6）完事后不要马上起身清洗，这时请先躺在床上多享受一下这种激情过后的温存和惬意。

（三）夫妻之间应注意处理的问题

在家庭生活中夫妻之间意见不统一、步子不协调是常有的事。这时就需要双方注意自我修养，学会宽容，讲道理，讲风格，相互尊重，求同存异，开诚布公，最终妥善解决问题。在这些方面，尤其是要处理好夫妻之间的一些问题。

（1）正确对待配偶的旧恋人。有旧恋人是很正常的，但有些年轻夫妻很难正常面对这一事实，轻则醋意十足，重则如仇人相见。其实大可不必如此，应相信缘分。

（2）夫妻间的经济问题。在家庭经济问题上，夫妻双方积攒"私房钱"，不外乎以下几个原因：一是感情不和，自备退路；二是赡养父母，意见不一；三是家庭消费，各有所好；四是经济拮据，互不相让；五是互不平等，限制过死等。无论哪种原因，都说明家庭的责任感淡薄，夫妻的信任感淡漠。因此，家中钱物归谁管无所谓，关键是双方都应享有理财权，切不可以一方独揽大权。家庭重大消费需要双方协商、共同决定，家庭生活开支提高透明度，使双方都有责任花好钱、理好财。

二、父母子女间的礼仪

（一）父母对子女的礼仪

对待子女，父母负有养育和管教的双重责任。因此，对子女的礼仪主要体现在这两个活动上：

（1）悉心培养，言传身教。古语说："十年树木，百年树人。"父母对子女的培养应该从大处着眼，从小处着手，在言传和身教方面下功夫。常言说得好，"近朱者赤，近墨者黑"，"有其父，必有其子"。

对子女的言传，一方面要有耐心，不论自己多忙、多累，都要争取条件，多做交谈，言传必须细致、耐心、经常化。另一方面，就需要真心，交谈时要力求真诚，力戒虚伪。帮助子女树立对真、善、美的追求意识，不能失教育之本。

与言传相比，身教有着更加现实的意义，父母的举止言行，就好比一面镜子，不但可以正自己，还可以正子女。

每个做父母的人，对于自己在子女面前的示范作用，绝对不应低估或忽视。在日常生活中，父母说话要算数，任何时候都不要对孩子撒谎。许诺孩子的事，要尽量兑现。

（2）严加管教，方法得当。溺爱子女或放纵子女，是父母的大忌，其最大的恶果，是使子女失去了约束，而自己也终将自作自受。因此，对于子女，必须负起管教之责。一般来讲，父母对子女的管教，要注意两条：一是对子女必须负责；二是对子女也多加理解。

对于子女，父母必须全面地负责。在生活上关怀，在学习上督促，在工作上指点，这些都是基本的伦理要求，由不得父母愿意不愿意或子女高兴不高兴。

父母对子女负责，首先必须对其处处严格要求，发现不足和过错，要及时予以指正，防微杜渐。对于子女在人际关系中出现的问题，尤其是与他人产生矛盾瓜葛时，更不可护短，不能对子女的短处熟视无睹。

父母不能娇惯子女，对其百依百顺。我国如今的农村父母们恰恰易犯这样的禁忌。所以，在条件允许的情况下，要支持子女经常接受考验和挑战，培养"自己动手，丰衣足食"的能力。不要处处包办，连子女做事的机会都给剥夺了。

同时，父母还应理解和适时引导孩子。古希腊著名的教育家、哲人柏拉图有句名言，一个人从小所受的教育把他往哪里引导，能决定他后来往哪里走。他主张通过故事、诗歌、戏剧、历史、演说、音乐来陶冶孩子的心灵。他认为，故事与诗歌的内容应该能够培养青少年"既温文又勇敢"，能养成"自成克制的美德"。

父母对子女的理解和引导应建立在态度的友善和人格的尊重之上，特别是在向信息化迈进的现代社会，新事物、新观念层出不穷，行业竞争日趋激烈，人们的生活节奏越来越快。胸怀大志的农村青年奋发上进，学知识、学技能、学外语、学管理，学任何有价值的东西，工作也比较繁忙。这种背景下，农民家长既要关心子女的衣食住行，而且还要尊重他们的价值观念，这才有利于他们的健康成长和长远进步。开明的父母应该理解子女的心愿，适时予以指点，但绝不可束缚他们的手脚，要让孩子尽情舒展想象的翅膀，飞向更灿烂、更美好的未来。

（二）子女对父母的礼仪

从总体上说，当今社会子女对父母的礼仪有日益简化的趋势，子女与父母的关系在向平等方向发展。年轻人都希望自己有良好的成长环境、和谐的家庭气氛。其实，作为年轻人自身在家庭中的言行，对于营造温馨的家庭气氛有着极为重要的作用，只是还有一部分人尚未意识到这一点。那么，作为农村子女对待父母，应该注意哪些礼仪呢？

（1）敬重父母，听从管教。子女对待父母，应当以敬重为先，认真做到言行一致，表里如一，一以贯之。与父母讲话、办事时，一定要讲礼貌，守规矩，时时刻刻按照礼仪规范行事。对于父母的批评与指教，子女应洗耳恭听，认真接受。无论从哪方面讲，父母对子女的苦口婆心，都是父爱、母爱的具体表现。明白了这一点，即使言辞有些偏差，做子女的也应该理解父母，切不可强词夺理，当面顶撞，或是不屑一听，扬长而去。不要过分夸大与父母的"代沟"，更不能一味认定父母"守旧""顽固""落伍""糊涂"。不懂得从父母的管教中取长补短，才是最愚蠢的。

（2）孝顺父母，体贴老人。对父母的养育之恩以"反哺"相报，乃是做儿女的天职。孝敬父母不仅指物质上、生活上的扶助和照料，还包括精神上的慰藉。目前，我国的社会养老保障制度还不完善，大多数农村父母的晚年生活仍依赖于子女赡养。这也是法律的规定，不得推辞，更不能虐待父母，也不得干涉父母的私事。父母晚年时可能身体欠佳，备感孤独，这种情况下更需要老少两代和谐相处，做子女的要常回家看看父母，多关心他们的身体健康状况，创造良好的家庭氛围，不要让老年人觉得自己无依无靠。而老年人自己也应当明白，在现代社会，子女的工作压力都很大，应自己去寻找生活的乐趣，除要独立地合理安排自己的生活外，还应当多与人交流谈心，扩大自己的交际圈。

三、婆媳之间的礼仪

婆媳关系的问题常常是许多家庭生活中的老大难问题，尤其是在农村。"婆媳难和"几乎成为人们的一种传统心理。这是因为婆媳关系与其他家庭关系相比有它的特殊性。婆媳之间缺乏建立亲密关系的天然条件，她们之间没有血缘关系，只是通过儿子的婚姻而形成的亲属关系，这种关系造成了她们心理上和情感上的差距。婆媳双方对对方的言行举止都很敏感，一旦闹起矛盾，常常会一发不可收。要想处理好这种关系，需要依靠礼仪的调节和约束。

（一）做媳妇需注意的礼仪

（1）称呼要有礼。俗话说："马好在腿上，人好在嘴上。"如果做媳妇的能随时亲切自然地称呼对方一声"娘"，家中的气氛就会大不一样。别小看了这一称呼，它往往可以把双方的感情距离一下子拉近，使婆婆感到媳妇也是自己的孩子。

（2）遇事多商量。共同生活在一起的婆媳，在经济开支、教育后代、家务安排等问题上极易产生矛盾。做媳妇的遇事应尽量征求并尊重婆婆的意见，如果婆婆的意见明显不合理，也要耐心解释，不可生顶硬撞，更不能不把婆婆放在眼里，自行其是。

（3）入乡随俗。各家有各家的生活习惯和规矩，"入乡随俗"的原则用在这里也是非常合适的。婆媳过去生活在不同的家庭中，生活习惯各异。媳妇进了婆家后应当仔细了解婆家的规矩，不要这也看不惯，那也不顺眼，动不动就说娘家怎样怎样，这样四处挑剔极易引起争吵，从而伤害双方的感情。

（4）生活多体贴。媳妇对婆婆的日常生活要多加关怀。应当主动多做些家务事，让婆婆多休息。有了好吃的东西，一定要先敬婆婆吃。给丈夫、孩子添置衣服时，不要忘了给婆婆也买一两件。婆婆生病，更应精心照料，及时请医生诊治。

（5）待客一视同仁。对娘家来的人和丈夫的亲友要一视同仁。结为夫妻后，原来各自的亲属都成了共同的亲属，不能厚此薄彼，否则极易引起婆婆的不满。

（二）做婆婆的一些礼仪

最重要的是要把媳妇视同子女，不要把她当成"外人"。婆婆遇事要与媳妇商量，如添置家电、赠人礼品、招待亲友、教育孩子等要协调一致，把事情办好。特别是在对孩子的管教上，要与媳妇口径一致，不要在媳妇批评教育孩子时袒护孩子。不要以自己过去的标准要求媳妇，以致看不惯儿媳妇的一些做法。碰到小两口吵架，做婆婆的不要感情用事，不能袒护儿子，婆婆要说公道话，错的批评，对的肯定。双方都有不对都要批评。当婆婆与媳妇发生矛盾时，婆婆不能一味强调自己正确，以长辈身份压人，结果只能是压而不服。

四、兄弟姐妹之间的礼仪

一个农民家庭，能否愉快和幸福，兄弟姐妹的相处，占据了举足轻重的地位。如果你希望与兄弟姐妹之间能和睦相处，那么在处理兄弟姐妹之间的关系时，最重要的就是要注意加强团结、彼此爱护、相互尊重三大问题。

（1）搞好团结。平辈间相处，就是要讲究宽厚，强调谦让。所谓宽厚，一要待人宽容，二要待人厚道。

（2）彼此爱护。在家里，假如你是哥哥或姐姐，那就应时时以身作则，努力成为父母的得力助手，多干家务活，遇事要宽宏大量，不与弟妹斤斤计较，更不要以为他们比自己小就随意指挥他们干活；当弟妹求教或请求帮忙时，应耐心帮助和解答，切忌不耐烦和不屑帮助。

假如你是弟弟妹妹，重要的一点就是尊重哥哥姐姐。不能存有"我比你小，就应该让我"的优越感，更不能娇蛮无理，干什么事都不把哥哥姐姐放在眼里，为所欲为，不为他人着想。与哥哥姐姐发生争执时，不要利用自己的得宠地位到父母面前去"告状"，以免加深兄弟姐妹的隔阂。

（3）相互尊重。有人认为，既然兄弟姐妹之间用不着那么生疏，那就想说什么就说什么。但所谓"言者无意，听者有心"，有时看来是没什么深意的话，却严重伤害了别人的自尊心，从而为亲情关系烫上了不好的烙印。这就要求在和兄弟姐妹说话的时候，哪怕是分内的、教育的话，也要讲究一个方式和方法，进行适当的婉转表达，以体现对对方起码的尊重。

五、妯娌融洽相处的礼仪

在农村，妯娌之间的相处也是一个大问题，要想相处得好，需做到以下几个方面。

（一）不传话

作为妯娌，看见家庭的矛盾和问题本应积极地去化解，把问题摆在桌面上谈开，问题也就会迎刃而解。倘若当面不说，背后瞎嘀咕，有时本来没有多大的事，妯娌间一嘀咕，反而把问题闹大了，结果成了"家庭战争"的导火线。

（二）不拆台

妯娌之间通常嫉妒心很重，生怕别人比自己强。妯娌是家庭的新成员，她一进家门就想得到多方面关照，自己做事也总想让家里人知道，让家里人赞扬，说自己是个能干的好媳妇。妯娌们之间要多看对方为家庭所做的贡献，不能相互指责，互相拆台。

（三）不计较小事

一个家庭琐事过多，也很难都满足每个人的要求，特别是妯娌之间小事更多，如果整天为小事去斤斤计较，那么家庭的矛盾也就没完没了。爱计较小事的人，就连吃饭时你少吃一点，她多吃了一些，也会起矛盾。妯娌相处之道，要顾全大局，不吹毛求疵，要多看自己不足。

（四）不给丈夫出难题

妯娌之间不和睦的因素较多，有时为一些事情弄得兄弟之间不团结。作为妯娌不要在丈夫面前搬弄是非，为妯娌之间的一点鸡毛蒜皮的小事使丈夫难堪。

（五）不要总想占便宜

妯娌之间要谦让，要多为别人着想，不要遇事总想自己，一有什么好事自己就往头里抢，总想多占点便宜，占上风，不吃亏。这样是搞不好妯娌关系的，只有你敬我一尺，我敬你一丈，相互感化才能处理好妯娌间的关系。

第五章　农村社区中的沟通与礼仪

"远亲不如近邻""低头不见抬头见"道出了邻里之间的重要性以及密切程度。随着社会的飞速发展，现代农民的居住环境也在发生着变化。因此，邻里之间的这份"近邻之情"就显得更为可贵。

第一节　邻里间的沟通与礼仪

要构建和谐社会，必然要重视邻里之间这个小社会的和谐问题，而当邻里之间形成融洽互助、和谐共处的关系时，整个社会的和谐也就水到渠成了。这里将指导大家了解学习邻里交往的基本礼仪。

一、邻里关系的重要性

我国传统文化非常重视邻里关系，邻里关系的主要调节手段是道德礼仪，那么，这种道德调节传统或邻里礼仪文化传统主要的观念和规范首先是亲仁善邻。所谓亲仁善邻，就是以友善的道德态度相互对待。

由于在居住空间上相邻而居，这种地缘关系的成立，是基于彼此相互扶助的需要，尤其是在社会结构相对单一的农村社会中，地缘关系更具有其他社会关系难以替代的现实作用，处理好邻里关系是人们的内在生活需要。那么，以什么样的道德态度来相互对待呢？这就是要以仁爱之心，友善相处，团结互助。你敬我一尺，我敬你一丈，投之以桃，报之以李。美不美，家乡水；亲不亲，故乡人；远水难救近火，远亲不如近邻。搞好邻里关系，不仅基于互利互助的实用功能，而且邻里和睦，自己也心情愉快，有归属感和认同感，从而才会有精神家园之感。

二、邻里关系的特点

（一）相距的临近性

顾名思义，邻居就是指生活居住空间接近的人家。比如一墙之隔的人家、一楼之隔的人家、对门等。有的邻居还是同门进出、同厨做饭、同厕解手的人家。

（二）交往的频繁性

由于居住地相隔很近，不可避免地造就成邻里之间朝夕相处，天天接触，常常见面。

（三）事务的琐碎性

邻里间的事务很杂。比如倒垃圾、泼脏水、搁杂物、晾衣服等。邻里之间常常因此而引起矛盾。

（四）情况的差异性

邻里间各个家庭的情况互不相同，有的是三代同堂，有的是三口之家，有的是新婚小两口。他们之间的文化、经济、职业、兴趣爱好、生活习惯也各不相同，有的爱早睡早起，有的要看电视到深夜；有的喜欢静心读书，有的则爱闲聊玩耍等。

相距近、接触多、事情碎、差异大，这些都难免使邻里间发生矛盾。这就需要用有技巧与艺术的言谈来解决矛盾，调节关系。

三、邻里交往的基本礼仪

邻居经常打交道。最初的见面是给人的第一印象，因此见面后如何向别人介绍自己，并确保第一次就给人留下一个深刻印象，这是很关键的。那么在这个过程中，自己要如何去做，同时在做客的时候又应该注意什么，就成了我们学习的重点。

（一）见面要主动打招呼

新老邻居的首次交谈很重要，双方都会在首次交谈中形成印象，心理学上称为"第一印象"。良好的第一印象会给日后的交往创造成功的条件，恶劣的第一印象，也会给日后的交往带来不好的影响。那么如何给新邻居建立这一印象呢？

老住户虽然不知道新邻居的姓名，仍应主动打招呼，嘘寒问暖："你是刚搬来的吧？""搬个家不容易呀，累坏了吧？"等。主动打招呼，会使人感到热情开朗，感情的纽带便开始建立了。新住户可探询式发问："您家几口人？""您老高寿？""有事您说话啊！"……这类探询能使双方较快地融洽起来，但应记住，不能连珠炮式地不断询问，像查户口一样；不能问得过深，如"你家有多少钱？""您女儿有男朋友吗？"等，初来乍到，双方心理上有距离，问这类问题，会使交谈陷入尴尬局面。同时，主动讨教，问问小孩入托、入学、买日用品、道路交通等问题，请老住户参谋指导。"讨教""请您帮助""请您指点"等言辞，态度要谦恭，使之产生好感。

（二）介绍要简单明白

新老住户间一般没有第三者做介绍，双方可自我介绍，说说姓名、住在哪儿等，要简单、明白。如果对方因没有搞清你的名字而叫错时，彼此一定会觉得很尴尬的，很容易造成不愉快的场面。因此，自我介绍时，除要讲清楚外，最好能附带一句比如说"李，就是木子李。"这样不但不会使对方发生误解，还可以加深印象。另外有一点非常重要，自我介绍当然是使对方记住自己的名字，但同时你自己也必须记牢对方的名字，否则也是一件很不礼貌的事。

（三）拜访要选好时间和话题

邻居之间需要互相走动。如果关系不是十分密切的，第一次到邻居家里做客的话，就需要注意以下几点。

（1）确定具体的时间。如果应邀去串门，那么可要选择好适当的时间，如果约好具体时间，那当然好。如果没有确定具体的时间，就要避开人家的吃饭时间和休息时间。临时性拜访，时间不宜过长，一般以半小时为宜。

（2）要礼貌、主动。进门前有门铃的要按门铃，没门铃的要轻轻叩门，这样做的目的是告诉对方你来了，以便让对方有个心理准备，而不要冒冒失失闯进去，让人感到不适。主人没坐你就不能先坐。如果家里有长辈，要主动和长辈打招呼。如果是带小孩做客，一定要管好自己的小孩子，不要在人家家里调皮、乱动别人东西。如果对方是长辈或主人端茶、拿糖果招待的时候，一定要表示谢意。

（3）串门要选好话题。拜访中无话可说是相当尴尬的，所以谈话时要精力集中。如果有长辈在说话，不但要用心听，还不可以插话。要避免剔牙、掏鼻孔、挖耳屎、修指甲、搓泥垢等，这些行为不仅不雅观，也不尊重他人。与人谈话时应保持一定距离，声音不要太大，不要对人口沫四溅。谈话的姿势也很重要。这往往反映出一个人的修养和素质。所以，交谈时，要正视对方，注意倾听，不能东张西望。否则，会给人心不在焉、傲慢无理等不礼貌的印象。起坐要端庄稳重，不可猛起猛坐，弄得桌椅乱响，造成尴尬气氛。不论何种坐姿，上身都要保持端正、自然。如果是主人看表、打哈欠，或者看着电视或干着其他什么活儿，话题少了，或者是快到吃饭的时间了，作为客人就该起身告辞了。

（4）要选择恰当的告辞时间。一般来说初次拜访时间不宜过长，也不宜过短，以半小时到一小时为宜。告辞时，对主人及在场的家人的接待表示感谢，出门后，主动请主人"留步"。

（四）接待要注意三步

（1）迎客。在开启大门后，要以亲切的态度，微笑的面容先向客人礼貌问候，如"您好""欢迎您"，对认识的客人也可以直接称呼，如"叔叔，您好""李婶，欢迎您"。一般情况下不必与客人握手，然后请客人进屋。如果家中有小孩子，也要嘱咐孩子向客人问好。尽量营造宽松的气氛。

（2）谈话。进屋后要让座，同时给客人倒水或者上茶。显得礼貌，拉近和客人的心理距离。一个有经验的谈话者，总是使自己的声调、音量、节奏与对方相称，就连坐的姿势也尽力让对方在心理上有相容之感。比如，并排坐着比相对而坐在心理上更具有共同感。直挺着腰坐着，要比斜着身子坐着显得对别人尊重。

（3）送客。如客人提出告辞时，要等客人起身后再送出门，切忌没等客人起身，先于客人起立相送，这是很不礼貌的。"出迎三步，起身送七步"是迎送宾客最基本的礼仪。因此，每次待客结束，都要以"期待再次见面"的心情来恭送对方回去。同时，选择最合适的言辞送别，如说些"希望下次再来"等礼貌言辞。不要急于返回，应等客人完全消失在你的视野外，才可结束告别。

四、邻里交往中的策略

邻里交往中礼让与宽容非常重要。对邻居要以己之心，度人之心，对人要有同情心、体谅心。遇到实际利益纷争时，要忍要让。正如古人所说，"礼之用贵于和，礼之实存乎让。"忍和让是处理邻里关系的最好办法，互帮互助是改善邻里关系的润滑剂。本节将学习处理邻里关系的几种策略，更好地与邻居和谐交往。

（一）互谅互让原则

建设和谐的邻里关系，不仅有利于各自的家庭，也有利于社会。倘若邻里不和，怒目相视，恶语相伤，遇事总是斤斤计较，小肚鸡肠，时间长了会心生烦恼，影响健康，影响生活，更不利于社会的稳定。

"远亲不如近邻"这句话谁都会说，但真正把"近邻"处得比"远亲"还好，则不是件容易的事，这需要邻里之间互敬互让，做到相互尊重、相互体谅和相互关心。

一般来说，邻里之间不会有什么大的原则性的冲突，有的大部分是鸡毛蒜皮的小事。即便有了摩擦，也多是诸如"你自行车挡我路""我孩子在你家墙上画小人"这类的小矛盾。互不相让只会让矛盾升级，大打出手，甚至发展为世仇，则太不值当。如果能理智地处理矛盾，多站到对方的立场去想想，幸福生活就在你我的身边。

（二）互助互信原则

处理邻里关系，不仅要做到相容相让，还应该有"有所为"的积极道德，这就是要相扶相助。要有无相通，疾病相扶，患难相救。这种相扶相助的伦理义务在中国古代还受到官方制度化的保证。如有的朝代就规定，连个人财产处置和出让也必须先家族，再邻人，如果前两种人都不要，才能卖给其他人。又比如，唐代"侍老"制度规定，对年龄在80岁以上者，给予一名"侍丁"在其身边照顾。也就是说，法律规定，如家中有老人而无人赡养的，要从邻居中选人奉养。这说明邻居相扶相助不仅是一种道德要求，在中国古代甚至得到了法律的保障。总之，尽管邻里关系在现代发生了很大的变化，出现了诸多与传统社会不同的新特点，但中国传统处理邻里关系的历史经验和道德传统仍然值得我们批判继承，发扬光大。

那么，具体到日常生活中应该注意哪些问题哪些细节呢？

（1）邻居之间要互相爱护。邻居家的一草一木、小动物、小孩子等都要如同自己家的一样爱护，不要损坏别人的东西和物品。离家外出时要招呼一声，请邻居帮忙照看，回来时可以买点纪念品作为礼物送上。这些都是基本的礼仪习惯。

（2）借东西要及时归还。最好不借贵重的东西，因为贵重的东西会引起邻居的担心，如果损坏了很可能引发矛盾。借用邻居的东西时要有礼貌。如轻轻敲门，等主人开门后用请求、商量的口气说明来意，归还时要表示谢意。另外，要注意应使用双手接、递所用的东西。借邻居家的东西要小心使用，十分爱惜，不要弄坏弄丢。如果万一损坏要主动赔偿，并赔礼道歉。如果主人不要求赔偿，除当面赔礼、道歉外，最好以别的方式弥补人家的损失。借用的东西使用完之后应立即送还，不要忘记归还，更不能让邻居来要。如需延长借用的时间，应向邻居说明，经同意后再继续使用。一般较贵重的东西，最好不去借。别人来向你借时，也不要自作主张，要和家里人商量。

（3）邻里有事要相互帮忙。如送病人去医院、搬运较重的东西、盖新房、婚丧嫁娶等，都要相互帮助。别人有了困难，万不可幸灾乐祸，在一旁看笑话；而是应该积极主动去帮一把，多说些祝福和安慰的话。经常帮助邻居干些琐碎的杂活，在夏收和秋收等农忙季节，最需要人手，且自己有空闲的时候，要主动帮助，特别在雨季抢收时，一定要伸出援助之手。脱粒、播种、浇地等很多时候都需要互助。

（4）不要说邻居的坏话。特别是邻居家的一些较私密的家事，不能对其他人讲，不传闲话。如有邻居家的孩子串门来玩，就像对待自己家的孩子一样，如果自己家的孩子吃东西、喝饮料时，也要给邻居家的孩子一份；如果邻居家的孩子损坏了自己家的什么东西时，不要生气，而是给予教育。

（5）邻里之间要讲信用。做不到的事情千万不要对别人夸海口、说大话，以免误了别人的大事。

（6）邻里之间不猜疑。猜疑本是一般人都会产生的心理，正常的疑虑能使人小心谨慎，防止偏差。邻里交往中难免会有说的话或做的事不到位的情况，多疑的人会认为对方在影射自己，对方那么做是针对我家的，其实未必如此。即便真是对方误解了我们，也应该用宽容的心去对待，多疑不但会使人心胸狭隘，自我封闭，时间长了更不利于邻里团结。

居住的地方很有讲究，不能不选择一下。如果周围的邻居都有志于仁义，在家中则父子相亲，兄弟相爱，在邻里之间则相互关照，相互体谅，遇到困难相互帮助，没有残忍刻薄的人，这样的处所才是世间最美好的地方。在这样的地方居住，不但见到周围的仁人就会心生喜悦，还可以陶冶情操，修身养德；也有利于做好自己的本职工作，保证家庭的健康发展。凡是有见识的人，必然会选择这样的地方居住。

（三）以诚相待原则

如果要邻里相处好，就少不了"礼"和"诚"。中国是一个文明古国，素以"礼仪之邦"闻名于世，礼在今天的社会生活中，主要体现在待人接物、言谈举止上。如果举止有礼，一举一动都遵守社会公德，大方而得体，以礼相待，那么邻里之间则可以促进友谊，以礼赢得和睦与安宁。

只有以诚相待，以心换心，才能有真正的友情。邻里之间彼此都以诚相待，大家就会和睦相处，所以我们还必须把"诚"推及他人，以此来制约自己在与邻居关系上的一举一动，妥善处理、协调好我们与邻居的关系。

人人都希望生活在充满温暖和谐的环境中，都希望世界充满爱心与微笑，其实这并不难，只要邻里间都知礼有礼，以诚相待，温馨和安宁就会时刻环绕着我们。

（四）互相尊重原则

在中国传统社会里，邻里关系是非常重要的人际关系。与传统的邻里关系比较，今日的生活空间正在不断拓宽。现在很多地方的农民居住环境有城镇化的倾向，在城市的水泥森林里，高层建筑中的邻里关系内容和相互关系越来越呈现出多样化，与古老的私家宅院相比，相互关系更为复杂化。

据有关调查，我国城乡居民间的邻里关系基本状况良好。一半以上的被调查者认为能和邻居做到"邻里团结，互相帮助"，还有部分被调查者认为和邻居的关系为"基本和气"，少数人认为邻里关系极为紧张。这些说明我们还更多地保持了邻里和睦的传统道德。

如何协调处理邻里关系，是生活中每个人都必须面对的现实问题。每个人在考虑和创造自己和谐美好生活的时候，内在的自律是最基本的，也是最有分量的。在生活的每个细节上除自己的舒坦外，还应该换位思考，我这样做是否会影响左右邻里的生活？自律性越高，生活细节处理得越好，邻里关系就越和谐。

（1）尊重对方的生活习惯，避免噪声，不要吵闹。邻居家有老人、病人，或者家里有上学的孩子，喜欢清静，需要安静。邻里关系处得好，就可以互为助手、互为依靠，对各家的生活多关照、学习、工作都有益处；反之，邻里关系处理不当，不仅会影响街坊邻里的安定，而且会败坏社会风气。邻里出现矛盾，要主动相让。让，不等于无能、不等于低人一等，而是体现一种宽容的胸怀、大度的风格、高尚的情操。邻里遇到一些矛盾纠纷时，仍要礼让、谦让，设身处地为对方着想。同时，要严于律己，主动承担责任，多作自我批评。只有这样，邻里方能和睦相处。

（2）保持适度的距离。"鸡犬之声相闻，老死不相往来"是邻里关系之大忌。这就需要我们拉近和邻居的关系。而唠家常是最有效的方法之一。礼尚往来，只有多走动才能保持良好的邻里关系。但同时也要注意，人与人之间都应该保持一定的距离。邻居家夫妻有矛盾，或者父子、母女等长辈与晚辈之间的矛盾，轻易不去掺和，因为"家丑不可外扬""不干涉内政，不打听隐私，不搬弄是非"是邻里交往遵循的原则。

由于现代人的价值观念发生了变化，人人都把自己的隐私权看得很重要，自己的私生活不愿意受到别人的打扰。现代人已不喜欢"全透明"式的生活，为了保护隐私，他们选择了有距离地与邻居相处。尤其是当下，家庭生活在很大范围内就是人们私生活的全部，而邻居就是最接近自己私生活的人，保持距离的原则是让自己愉快、别人轻松。

邻里之间，距离是礼貌。别小看这些生活里的距离，远了容易生出不满，近了又可能产生矛盾。这实际上就是彼此尊重。在和别人的交往过程中，我们都应该保持适当的距离，不是不交心，而是给对方留下一小片私人空间，我们没有权利侵犯别人的隐私。也不是不热情，而是给自己留一点缓冲的余地，以免过热招致别人的反感。没有距离的相处是一种自私的表现，因为只想着自己，而没有顾及别人的感受。不要靠太近，因为还有各自的生活。这是邻里相处的基本常识。对邻居的关心要适度，千万不要让人心生误会。

（3）有事及时沟通。遇到特殊情况需要占用公共场地空间临时放些物品，必须先和邻居做好沟通。要说清原因以及占用时间，得到他们的体谅，如果是存放农用车、三马车或其他农机，则应当有专用车库，不可乱停乱放。如果要搞养殖，如喂养牲畜或家禽，则应当选择离邻居较远的地方，因为牲畜和家禽会产生噪声、粪便以及难闻的气味，会严重影响邻居的生活，时间长了，必然会与邻居产生矛盾纠纷。要注意不私搭乱建。私搭乱建就意味着挤压了公共空间，公共空间的缩小就意味着侵犯了邻里的利益。不长期占用公共空间。如果在路旁堆放东西，不能影响行人以及车辆的通行。在房屋前后堆放东西，如果是秸秆、树木、柴火之类，要和邻居房子保持一定距离，避免小孩儿点火导致火灾。诸如土石之类必须远离邻居院墙，必须保证雨季或冰雪消融后水流通畅。因为坑内存水时间过长，容易导致地基下陷，屋墙变形，这必然会影响邻居的生活。污水不可乱排乱放，虽然农村的活动空间较大，但有些东西也不能乱放，比如易碎、易燃、易腐蚀、易腐烂和气味难闻的物品，体积太大的也不要乱放，这些不符合邻里礼仪规范，也不利于防火、防水、防盗。

（4）养宠物要考虑邻居的感受。养宠物的时候，要注意两个细节问题。一要注意卫生。一些宠物时常随地大小便，主人要引导宠物养成到固定的地方大小便的习惯，如果会对邻居有不良影响，事后还要清理掉。保持房前屋后街道的卫生。二要注意安全。现在农村的青壮年多出门打工，很多家庭都养狗看家护院，出门遛狗，要给狗拴上绳索，不要任它狂吠乱叫，追逐扑咬。遇到老人和小孩，要特别小心，别让他们受到惊吓。

（5）参加公共卫生打扫活动。"各人自扫门前雪，莫管他人瓦上霜"的邻里关系是要不得的。为大家创造一个良好的生存环境，人人都有责任。同时，有了集体活动，大家才有沟通的机会，有了沟通的机会，才会培养出胜过"远亲"的感情和友谊。

（6）管好自己的孩子。小孩活泼好动，当自己的小孩和左邻右舍的孩子在玩耍的时候产生了矛盾，家长该如何去解决呢？首先，你要正确理解孩子以后将要碰到各种各样的打击和欺负，一般的打闹推搡不会引起伤害，也不需要大人的干涉。不必要的插手只会剥夺孩子获取宝贵社交经验的机会。他们通过亲身体验来学习人际关系是怎么回事，怎样才能和平相处，出现问题时都会发生什么情况。其次，介入孩子矛盾中时，家长应该是和解使者，而不是法官或者陪审团。谁先动的手不重要，重要的是你制止这场冲突。如果是自己的孩子伤了左邻右舍的孩子，就需要家长带上孩子到邻家解释道歉，并给予一定的赔偿，千万不要引起对方误会或不满。

（五）友好宽容原则

家庭间的各种交往中，交往最频繁的就是邻里了。从主观来说，绝大多数人都想搞好邻里关系。但客观上不知怎么搞好邻里关系以及搞不好的为数并不少。

要考虑自己的兴趣爱好、生活习惯会不会给别人带来打扰。比如，是否有喜欢晚上唱歌，而且一唱就超过晚上 12 点的习惯；你是否老把洗衣服的水或别的不干净的污水一出门口就泼在邻里共用的路面上等。这些看起来并不起眼的小事最容易伤了邻居之间的和气。

学会礼让与宽容。对邻居要以礼相待，平易近人，不要视若路人。见面后要主动和别人打招呼，平时对邻居不要苛求。吃点亏没什么，切忌占别人便宜。号称"扬州八怪"之一的我国清代著名书画家和文学家郑板桥，一生饱尝艰辛和不幸。郑板桥思想开阔，胸怀豁达，生活乐观，他的"难得糊涂"及"吃亏是福"的名言，正是他做人的信条，也是他处理人际关系的准则。郑板桥主张"放一着，退一步，当下心安"。对人要礼让一步，心安理得；吃亏不要紧，把心放宽，泰然自若，就可以"得福"，健康长寿。郑板桥正是由于有这样通理豁达的处世养生哲学，才使得他历经沧桑，走过了漫漫人生路。邻里之间就是这样，谈得来的就多交往，谈不来的维持一种有距离的友好态度就行。邻里和谐是家庭亲情的延伸，多见面，常走动，就会越走越近，亲如一家；多交心，常聊天，就会趣味横生，开心无限；多谦让，常照应，就能融洽相处，安居乐业。

邻里和谐，如阳光相随，如鲜花相伴，如微笑常在，它让我们的生活充满理解，充满尊重，充满温情，充满关怀。

第二节　送礼中的沟通与礼仪

一、小礼品有大学问

送礼主要有以下几种情况：节日、婚嫁、生日、感谢、走亲访友及回礼。俗话说，千里送鹅毛，礼轻情义重。送礼讲究的是一种心情，重要的是选择一个合适的礼物来表达心意，相比而言，礼物的轻重与否反而是处于次要地位的。如果你比较富有，送礼给一般的朋友出手过于阔绰，有时会引起别人的反感，得到反效果；或者打肿脸充胖子，送超过你承受能力的礼品，会使自己陷入被动，反而不如送一些有心思的礼物，小小的礼品中还存在着很大的学问呢。在送礼的时候要注意以下几个礼节问题。

（一）赠送礼品应考虑具体情况和场合

拜亲访友时，应带些小礼品，如花束、水果、土特产等。

对方有小孩的，可送玩具、糖果。应邀参加婚礼时，除艺术装饰品外，还可赠送花束及实用物品。元旦、春节时，一般可送日历、酒、茶、糖果、烟等。多花一点心思，挑选到物美价廉、经济实用的礼品，能够让送礼者和受礼者都满意。

送礼小常识：

（1）给长辈祝寿或者给孩子过生日，可以送含有健康意义的物品，如设计精美的蛋糕。

（2）送结婚礼物时，可以挑选一件特殊的礼物，也可以自己设计一样礼品。比如一条绣上夫妇姓名的床单、结婚照用的镜框、一瓶酒代表两个人长长久久等。

（3）探病时，可以赠送鲜花，提升病人的情绪，康乃馨、满天星、百合、天堂鸟等都是不错的选择。有些人喜欢给病人送滋补品或保健品，其实，这很不恰当，因为病人正在治疗期，每日要按时服药或进行针剂注射，并不适合服用补品。

（二）记得把礼物上的价格签撕掉

如果把价格签留在礼物上，礼物就传递了两个信息，一个是"我们的情谊就值价签上那么多钱"，另一个是"看着吧！下次得回同样价格的礼物给我"。而这个信息，可能把所有送礼的情分都打得稀里哗啦。此外，不论礼物本身价值如何，最好还是要用包装纸包装起来。有时，注意这些细微的地方更能显出送礼者的心意。

（三）把握送礼的时机与方式

礼物一般应当面赠送。但有时参加婚礼，也可事先送去。祝贺节日、赠送年礼，可派人送上门或邮寄。这时应随礼品附上送礼人的名片，也可手写贺词，装在信封中，信封上注明受礼人的姓名，贴在礼品包装皮的上方。

如果是登门拜访，最好的送礼时机是走进大门后寒暄几句就奉上礼物。如果错过了在门口送礼的时机，不妨在坐定后，主人倒茶的时候送。此时，不仅不会打断原来谈话的兴头，反而还可增加另外的话题。

有些人到对方家中拜访时，直到要离开时，才想起该送的礼物，在门口拿出礼物时，主人却因为谦逊、客套而不肯接受，此时在门口拖拖拉拉的动作，很狼狈，而且容易被邻居看到，误以为在干什么见不得人的勾当，因此，应该尽量避免这种情形的发生。

通常情况下，礼物不适合在公开场合赠送。当众只给一群人中的某一个人赠礼，是不合适的。因为受礼人会有受贿和受愚弄之感，而且会给没有得到礼物的人有受冷落和受轻视的感觉。给关系密切的人送礼也不宜在公开场合进行，以避免给公众留下你们关系密切完全是靠物质的东西支撑的感觉。只有礼轻情义重的特殊礼物，表达特殊情感的礼物，才适宜在大庭广众面前赠送。因为这时公众已变成你们真挚友情的见证人。

（四）态度友善

送礼时要注意态度、动作和语言表达。平和友善、落落大方的动作并伴有礼节性的语言表达，才是受礼方乐于接受的。那种做贼似的悄悄地将礼品置于桌下或房内某个角落的做法，不仅达不到馈赠的目的，甚至会适得其反。

在我国，一般习惯是，送礼时自己总会过分谦虚，"薄礼！薄礼！""只是一点小意思"等这些说法最好避免。当然，如果在赠送时以一种近乎骄傲的口吻说"这是很贵重的东西！"也不合适。在对所赠送的礼品进行介绍时，应该强调的是自己对受赠一方所怀有的好感与情义，而不是强调礼物的实际价值。否则，就落入了重礼而轻义的地步，甚至会使对方有一种接受贿赂的感觉。

（五）顾及习俗礼俗

因人因事因地送礼，是社交礼仪的规范之一，对于礼品的选择，也应符合这一规范要求。礼品的选择，要针对不同的收礼对象区别对待。一般说来，对家庭条件较差的人，要重实惠轻虚华；对家境富裕的，讲究精巧；对恋人、爱人则要突出纪念意义；对朋友，以趣味性为佳；对老人，要实用；对孩子，要注重教育和益智。

（六）收到的礼物不转送

不要把原先收到的礼物现在又转送出去，或索性丢弃它，因为送礼的人通常都会留意你有没有使用他所送的礼品，如果对方看到送你的礼物被你送给了别人，或者送了一圈以后又回到自己的手上，将会给双方的友谊造成很大的伤害。

（七）送礼禁忌

例如，中国普遍有"好事成双"的说法，因而为贺大喜而送的礼，最好是双数，但广东人则忌讳"4"这个数，因为在广东话中，"4"听起来就像是"死"，是不吉利的。此外，白色虽然有纯洁无瑕的含义，但中国人比较忌讳，因为在中国，白色经常代表悲伤和贫穷。同样，黑色也被看作不吉利和哀丧的颜色。而红色，则是喜庆、祥和、欢庆的象征，受到人们的普遍喜爱。另外，给老人不能送钟表，给夫妻或情人不能送梨，因为"送钟"与"送终"，"梨"与"离"是谐音，是不吉利的。还有，不能给健康人送药品，不能给异性朋友送贴身的用品等。

二、红白旧俗该从简，礼轻情重有脸面

人的一生中有三个富有意义的特定时刻——出生、婚礼以及丧礼。在这三个场面中，人们能够获得场面化的推崇、公众性的风光，能够得到礼仪化的认可和最隆重的肯定。这是人类表示自己存在意义的文化方式，也是民俗得以存在、传承、发展的最深刻的内涵。

但是，最近几年来，全国各地农村的奢侈之风日益盛行，几乎家家都背负着沉重的人情债，严重影响了正常的生产生活。农村的人情名目繁多，婚、丧、嫁、娶、生小孩、满月、周岁、生日、参军、升学、建房等都要宴请宾客。乡里乡亲、左邻右舍，大凡有事都要前去捧场送礼，现在送礼价码越来越大，有的人甚至需要去借钱参加别人的宴请；而且，宴请的规格也越来越高，宴请的酒席也远远不止"八大碗"或者"十大碟"。我们应该明白，真正打动人的不在于婚丧嫁娶的各种形式，而在于在出生、结婚、葬礼形式中所体现出的那种鲜活的民俗精神。国家也早就号召我们要移风易俗、节约从简。因此，响应国家号召、破除陋习，就应该从自身做起，从现在做起。

【事例】强强已经 20 岁了，因为性格内向，不善于跟生人打交道，所以到现在还没有谈恋爱。他的父母看在眼里，急在心里，特别是看到跟他们差不多年龄的人都抱上了孙子后，就更着急了。于是，他们就四处托人，请别人帮忙说媒。媒人就给强强介绍了邻村的叫芳芳的姑娘。经过议婚（男女双方的生辰八字要互不相冲，经彼此家长同意）、纳吉（男家以食物、银钱送往女家，俗称"送定"）、纳征（男家备礼仪、聘金送往女家，而女家备婚书回聘，两家签名，各执

其一，俗称"结合同"）、请期（男家把择定的婚嫁日期，具"请期帖"送女家征求意见，而女家以"允期帖"表示赞同，俗称"送日子"）等程序，每走一步都得花几百甚至数千元，加上盖新房的花销，强强家花了近两万元。而且，这些事情都是强强的父母在办，强强只知道在给他说媳妇，其他什么都不知道。

有一天，强强到圩场买东西，刚好卖东西的是他的对象芳芳，他不认得。就说，大姐，这东西怎么卖啊？芳芳因为背地里见过他，因此认得他，就说，你要就拿去呗。强强说，那怎么行呢？芳芳说，你就拿去吧，不要再问价钱了。强强看她一直不肯开价，以为是不想卖给他，只好悻悻地走了。后来旁人对他说："短命子，那是你交了定（即订婚）的对象！你要的东西她怎么好向你收钱呢。"强强连拍脑袋，为自己的笨拙而懊丧莫及。但按农村的规矩，他也不好意思再回头去同人家说话。

后来，婚期到了，强强家首先送去担席（婚嫁前一天男家备猪肉、牛肉及有关礼品和鼓乐队随轿前往女家迎亲，俗称"去轿"），迎接芳芳出阁（婚嫁之日，新娘哭别亲属乘轿到男家，嫁妆随行，由新郎引新娘入门，先拜天地，次拜翁姑，然后夫妻交拜而送入洞房），期间下车（马）钱、叩头钱、婆媳见面礼……简直花钱如流水。当时，光宴席就摆了将近50桌，全村的老老少少几乎都来了。

婚后好几年，强强家的日子都过得非常紧，省吃俭用不说，农闲的时候，强强还经常外出打工，因为他们要偿还结婚时借的钱。

看了上面这个小故事，你不要觉得太夸张、不可思议，它也许就发生在你的周围，也许你正在经历或者马上就要经历。所以，请在遇到这类事情的时候三思而行，考虑一下你是否愿意为一时的风光而背上沉重的债务（这里不只是你借的钱，还有一大笔的人情债）。看了上面这则小故事，也许对你有一定的启发。

第六章　农民外出的沟通与礼仪

第一节　外出仪容仪表

一、个人卫生要打理

　　一个整洁干净的人总是受欢迎的，在公共场合人们往往不愿意和一个满脸污垢、邋里邋遢的人说话，而是愿意和一个干净整洁的人握手。假如一个穿着很时髦的人，离近了却是浑身异味，伸出的手指甲缝里也是污垢，那必然破坏这个人的美感。可见，要树立自身的完美形象，个人卫生是重要的一环。因此，每个人都应该养成良好的卫生习惯，个人良好的仪容能够给人以端庄、稳重、大方的印象，既能体现自尊自爱，又能表示对他人的尊重与礼貌。做好个人卫生，要注意以下几点。

　　（1）坚持每天早晚洗脸，洗去附在脸上的污垢、汗渍等不干净的东西。别忘了洗耳朵和脖子。夏季出汗比较多，要准备好手帕或毛巾及时擦去脸上的汗，不要用衣袖直接擦。

　　（2）头发经常梳洗，乱蓬蓬的头发或者掉头屑都会让别人敬而远之。

　　（3）经常洗澡，勤换衣服，保证身上没有异味。男子要刮净胡须，刮齐鬓角、剪短鼻毛，这样人才显得有精神。女士可适当化妆，但以浅妆、淡妆为宜，不可浓妆艳抹，并避免使用气味浓烈的化妆品。

　　（4）养成勤洗手的习惯，始终保持手上没有污垢，尤其是手指甲里不要有黑垢。大小便后一定记得洗手。勤剪指甲使其圆润并且整齐，不要把指甲留得太长，但是不要在公共场合修剪指甲，也不能摆弄手指，比如把手指放在嘴里咬或者啃手指甲，这些都是不雅观的，更是不礼貌的。手弄脏了，要及时洗净，不能用脏手直接拿东西吃。

（5）注意口腔卫生，首先要坚持每天早晚刷牙，清除口腔细菌、饭渣。刷牙时间不宜太短，应在 3 分钟以上。另外，少抽烟、少喝浓茶，防止牙齿变黑、变黄。如果知道自己要乘汽车、火车，或者要和别人近距离说话或者去上班，事前就最好不要吃葱、蒜、姜等有强烈气味的食物，以免影响别人。如果吃了这些刺激性的食物，一定要提前刷牙或含一点茶叶来消除异味。

二、举止有礼

相对于口头语言来说，行为举止是一种无声的语言，是一个人的性格、修养和生活习惯的外在表现。你的一举一动直接影响着别人对你的评价。因此，有人称其为"动态的外表"。中国人最讲究的是"精""气""神"，凡事有"骨"，也就是体现出其内在的本质。所以，无论是"坐如钟""站如松"还是"行如风"，都不是让你简单地模仿这三种物体的外表形态，而是要你掌握它们的"精""气""神"，做到神似，而非形似。

具体说来，"动态的外表"展现在哪些方面呢？

（一）坐如钟

所谓"坐如钟"，并不是要求你坐下后如钟一样纹丝不动，而是要"坐有坐相"。

（1）入座轻柔和缓，起座端庄稳重，不猛起猛坐，以免碰得桌椅乱响，或带翻桌上的茶具和物品，令人尴尬。

（2）坐下后，不要频繁转换姿势，也不要东张西望。

（3）上身要自然挺立，不东倒西歪。如果你一坐下来就像一摊泥一样地靠在椅背上或忸怩作态，都会令人反感。

（4）两腿不要分得过开，两脚应平落在地上，而不应高高地跷起来摇晃或抖动。

（5）与人交谈时不要以双臂交叉放于胸前且身体后仰，因为这样可能会给人一种漫不经心的感觉。

（二）站如松

所谓"站如松"，不是要站得像青松一样笔直挺拔，因为那样看起来会让对方觉得很拘谨。这里要求的是站立的时候要有青松的气宇，而不要东倒西歪。

（1）良好站姿的要领是挺胸、收腹，身体保持平衡，双臂自然下垂。而歪脖、斜腰、挺腹、含胸、抖脚、重心不稳、两手插兜等站相会给别人带来不舒服的感觉。

（2）优美的站姿男女有别。女子站立时，两脚张开呈小外"八"字形或"V"形；男子站立时与肩同宽，身体平稳，双肩展开，下颌微抬。简言之，站立时应舒适自然，有美感而不造作。

（三）行如风

潇洒优美的走路姿势最能显示出人体的动态美。人们常说"行如风"，这里并不是指走路飞快，如一阵风刮过，而是指走路时要犹如风行水面，轻快而飘逸。良好的走姿能让你显得体态轻盈、朝气蓬勃。

（1）走路时要抬头挺胸，步履轻盈，目光前视，步幅适中。

（2）双手和身体随节律自然摆动，切忌驼背、低头、扭腰、扭肩。

（3）多人一起行走时，应避免排成横队、勾肩搭背、边走边大声说笑。

（4）男性不应在行走时抽烟，养成走路时注意自己风度、形象的习惯。

（四）蹲姿

蹲的姿势并不常用，但如果是长时间在外等车、等人，或者是和朋友聊天也会用蹲姿。有时东西掉在地上，要捡起来也要蹲下。大多数人蹲下时都是左脚在前，全脚掌着地，右脚在后，脚跟提起来，脚前掌撑着地，臀部向右脚跟蹲下。蹲下时注意不要低头、弯背和翘起臀部。在公共场合下蹲不要双腿平等叉开，这是上厕所的姿势，这种姿势最不文雅。

当拾捡掉落在地上的东西或取放低处物品时，最好走近物品，上体正直，单腿下蹲。这样既可轻松自如地达到目的，又能展示优美的体态，那种直腿下腰翘臀或双腿下蹲捡东西的姿势都是不可取的。

（五）避免不雅观的举止

（1）当众搔痒。搔痒动作非常不雅，如果你当众搔痒，会令人产生诸如皮肤病、不爱干净等不好的联想。

（2）对着他人咳嗽或随地吐痰。这也是一种应该杜绝的恶习。每个现代文明人，都应清醒地认识到，随地吐痰是一种破坏环境卫生的不良行为，姑且不论别人看见你随地吐痰后作何感想，这种举动本身就意味着你缺少修养。

（3）当众打哈欠、伸懒腰。

（4）交叉双臂抱在胸前，摇头晃脑。

（5）双脚叉开、前伸，人半躺在椅子上，这样显得非常懒散，而且缺乏教养。

第二节　公共场合中的沟通与礼仪

一、排队事小学问大

许多刚到城市里的人都会不禁感叹：城市里怎么会有这么多人？在食堂吃饭时要按照顺序排队等候。大家可能会觉得排队没什么好说的，我们一个一个站好就是了，事实上，关于排队有许多不成文或成文的规定，里面学问大着呢。

（一）排队学问一：和前面的人保持适当的距离

在排队时要与前面的人保持适当的距离，如果距离太近，会引起前面的人不舒服，他会觉得你在侵犯他的隐私；如果距离太远，后面的人又会喊："前面的小伙子，你是在排队嘛！"那么，如何保持适当的距离呢？一般情况下，与前面的人保持一臂的距离或者两脚的距离是比较恰当的。值得一提的是，比如在银行，需要和前面的人保持1米以上的距离，以免产生误会，一般银行的柜台前面会有一条醒目的黄线提醒你注意"保持一米距离"（也就是我们常说的"一米线"）。

（二）排队学问二：保持队伍秩序，做个文明排队人

在餐厅或者食堂里，到处都是饥肠辘辘的人，在排队打饭时，不

要因为等待片刻就不耐烦地敲碗、敲桌子，更不能冲着前面的人大声叫喊。排队大多数时候是陌生人的一种自发行为，但是也有时候是相识的人排队。这个时候虽然等待令人感到无趣，但是为了保持队伍的秩序，不能够几个人围在一起说话，试想一下，如果大家都这样边等边围圈说话，队伍还能成队伍吗？

（三）排队学问三：照顾弱小，你会赢得他人的尊重

这一点在排队上车时尤其重要。当遇到老人、孕妇、残疾人、孩子等弱势的群体时，如果你能够请他们优先上车，不仅可以防止出现碰伤等危险，还可以赢得他人的赞扬。

（四）排队学问四：制止插队行为是我们共同的权力

社会文明在不断进步，排队已经成为很多人的习惯行为，但是现实中还是存在一些不和谐的因素，比如插队，这个时候，我们每个人都有权力去制止这种行为。在制止插队行为时，要采用平和但坚定的语调，使用文明用语，请插队者自觉到后面排队，例如"同志，请自觉排队"。

二、吸烟也要"内""外"有别

在农村，田间地头，你给我一支烟，我帮你点上，大家聊点家长里短，这是多么惬意的一件事。在城市里恰当地敬烟也是一种文明礼仪行为，但是什么是恰当呢？多数农民朋友来到城市很不习惯，怎么这里也不让吸烟，那里吸烟别人又躲，到底怎么吸烟、什么时候吸烟、怎么敬烟才是礼貌的行为呢？这看起来是个很复杂的问题，但事实上我们只需要掌握一个原则，就是吸烟也要内外有别。

（一）"内"——私人空间

你可以在你的私人空间里吸烟，比如家里，但是并不是说你在私人空间里吸烟就可以无所顾忌，随心所欲。

【事例】晓军去年来到一家建筑工地，繁忙劳累了一天，他和他的兄弟们（工地上的老乡）觉得躺在床上吸支烟是驱乏的最好方式，所谓"天天一支烟，赛过活神仙"啊！别看晓军只有22岁，他可是一个地道的老"烟民"了。这天他刚回宿舍，一进门就看到同宿舍的

几个兄弟正和刚从村里过来的小芳和小玲聊天，满屋子烟雾缭绕，两个姑娘的眼睛都快睁不开了。晓军笑骂道："你们怎么能这样？看把两位小姐熏得……""你小子少装蒜，平常不比我们吸得少！"小文嘴里叼着烟说，顺势扔了一支给晓军。

晓军看看两位姑娘，把烟点着了，坐在小文的床上，和小玲面对面坐着，也加入了谈天说地的行列。晓军觉得吸烟的时候不能把烟雾喷在两位姑娘的脸上，可是宿舍空间这么小，如果自己总是侧着头吐烟也不方便，经过思考，晓军还是决定把烟灭了，他顺手把烟头在床头的铁栏杆上擦了两下，之后剩下的半支烟就被丢在床下了，这下晓军觉得安心多了，和大家高谈阔论起来。

认真分析一下，上文中晓军和他的伙伴哪些地方做得好，哪些地方做得不妥当呢？

晓军关心他人，意识到当家里来客人的时候，吸烟的人应当照顾不吸烟的人的情绪，发现客人对烟雾很不习惯，但又不好意思请大家不要吸烟。晓军发现宿舍空间狭小，如果自己抽烟将会不自觉地把烟雾吐在客人的脸上，因此他及时地把烟灭了，这是一种非常有礼貌的行为。

晓军和他的伙伴们喜欢在床上躺着吸烟，这种习惯虽然解乏，但是却不文明，也不安全。

晓军的伙伴不顾客人的感受，使房间烟雾缭绕，令客人而且是两位姑娘处在一种非常不舒适的环境中。

小文嘴里叼着烟还跟晓军说话，这种行为是很不礼貌的。

出于各种原因，晓军没有制止同伴的吸烟行为，反而加入吸烟的行列，并且在这个过程中，也没有征求在座客人的意见。

晓军把烟头在床头的栏杆上擦灭并且将烟头丢在床下，乱丢烟头是一种相当不礼貌的行为，而且容易引起火灾。

上面的事例告诉我们，即使我们在私人空间里吸烟，也要注意以下礼仪。

青年人在长者、长辈面前，如果长者、长辈不吸烟，自己最好不吸烟；如果长者、长辈吸烟，自己又处于客人的地位，可以先敬烟，为长辈点燃后自己再吸烟。向长辈敬烟要用双手捧上，对长辈递过来的烟要双手接过。如果对方不吸烟，而向你敬烟，你最好也不要吸烟。

吸烟之前要征求在座人的同意，"对不起，我想吸支烟可以吗？""如果我吸烟的话，您会介意吗？"等征求语言都是妥当的。

不要把烟雾吐向别人脸上，这是对人无礼的表现。

烟灰不要乱弹，在上班的地方或别人家里不要在椅子脚上灭烟，确保烟头熄灭后放进烟灰缸或者垃圾桶里。

(二)"外"——公共场所

所有的公共场合都是"外"，有些地方是禁止吸烟的，有些地方是限制吸烟的，总而言之，在"外"面，要控制吸烟。

在标有禁烟标志的地方严格禁止吸烟。这些地方包括电影院、医院、电梯里、有易燃物的地方、开着空调的房间、交通工具上。

三、哪些是不文明的手机使用行为

手机是现代人们生活中不可缺少的通信工具，如何通过使用这些现代化的通信工具来展示现代文明，是生活中不可忽视的问题。

√自己的声音尽可能地压低，以免影响他人。

×大声说话，以赢取别人的眼球。

×公共场合，尤其是楼梯、电梯、路口、人行道等地方，旁若无人地使用手机等移动通信工具。

×在要求"保持安静"的公共场所，如医院、会场、影剧院等场所高声对着手机喊叫。

√关闭手机或让其处于静音状态。如果非得回话，可以采用静音的方式发送手机短信是比较适合的。

√铃声降低，以免惊动他人。铃响时，找安静、人少的地方接听，并控制自己说话的音量。

√如果在公共场所如公交车里、餐桌上等地方通话，尽量使谈话简短，以免干扰别人。尽量在一个不会影响他人的地方通话，把话讲完再入座。如果有些场合不方便通话，就告诉来电者说会打回电话的，不要勉强接听而影响别人。

×一边和别人说话，一边查看手机短信。

√公共场合，手机没有使用时，都要放在适当的位置。放手机的常规位置有：一是随身携带的包里，二是上衣的内袋里。

×随意借用别人的手机。

四、路上无小事

（一）文明骑行

自行车目前是我国的主要交通工具之一，文明骑车不仅能维护正常的交通秩序，而且还能减少事故的发生，保证生命的安全。文明骑行简单说来就是要注意以下几个方面。

（1）严格遵守交通规则，靠右行驶在慢车道上；在有交通隔离栏的道路上骑车，不能图方便靠左逆行；必须进入机动车专用道路时，应在就近路口推着自行车进入，不得侵入快车道或人行道，以免发生事故。

（2）不闯红灯，不带人。著名作家梁晓声曾讲过这样一段经历：他在美国时，有一次要横穿一条马路。红灯亮了，但左右两边并没有汽车，他身边有位老太太也照章停下，安安静静地等候着绿灯。他问了老太太一句："现在没有汽车，为什么不走过去？"老人回答说："也许，我们身后的那栋房子里，会有一个小孩正在看街景。如果他看见我们走过去，以后也照我们的样子横穿马路，那也许就会出事了。"

（3）尊重行人。车过路口时，主动礼让行人，对于老年人和小孩等，骑车人要主动避让。

（4）不要双手脱把、扶肩并行、嬉闹追逐、攀扶机动车辆、曲线疾驶。

（5）转弯的时候要先示意，可以通过车铃、伸手、向后看等多种方式示意转弯。

（6）遇到雨天路滑，要放慢车速，以防前面车辆突然刹车；骑车时最好不撑雨伞，也要防止雨衣阻挡视线或钩住其他车辆。

（7）骑车进入工厂、学校、机关等大门时，要下车推行；进入狭窄的街道、弄堂、小巷里时也应下车推行，礼让居民。

（8）骑车时要特别注意避免从众心理。也就是说，不要看到别人闯红灯自己也闯，看到别人横穿马路自己也这么做，否则可能导致交通混乱，给自己和他人带来不必要的麻烦。

【事例】不久前，小强骑自行车遇到了堵车，看大家都下车推着车从汽车缝里钻过去，小强也照此做。没想到一辆轿车正好也向前挪动，结果小强的车刮了汽车的保险杠，蹭掉了一块漆，开车的人很生气，要小强赔，小强觉得委屈，"我推车走，碍你什么事？是你非要挤上来的。"结果两人就吵了起来，大家谁也不肯让步，堵在路上不走，把一条街整整堵了两小时，直到别人叫来了交警才把两人分开。

（二）文明行路

1. 不打闹，不起哄

在热闹拥挤的地方走路，不要几个人并排走，也不要打打闹闹。因为这样会影响交通，不方便其他行人走路。走路时要注意仪态，做到自然、大方、端庄。目光要自然前视，不要左顾右盼，东张西望，搔首弄姿。在路上遇到老弱病残者、孕妇、儿童或负重的人，应主动让路或护送过马路。在交通拥阻的地段行走，应放慢速度，依次通过，不要前推后拥，以免发生事故。如遇到交通事故或纠纷争执，与自己无关就不要驻足围观，更不应在边上起哄。

2. 红灯停，绿灯行

要自觉遵守交通规则，红灯停、绿灯行是最基本的交通知识。行人应走人行道，在没有人行道或人行道过于狭窄的地方走，必须尽量靠右边。穿越马路要走横道线，注意避让来往的车辆。在过人行横道时要注意交通灯的变化，不要和车辆抢行；过人行横道要直行通过，从容行走，不要斜穿、猛跑，尤其不要在车前车后疾穿马路。有人行过街天桥或地道的路口，必须走人行过街天桥或地道。

3. 问路

【举例】晚霞来到这个城市的一家玩具厂做工人已经一年多了，前天晚上她突然接到一个电话，原来是小时候的玩伴、同村的小梅也到了这个城市，而且还找到了一个保姆的工作。晓霞开心极了，决定这个周末去找小梅玩。看着小梅留给她的地址"建设路××家属院"，想象着跟儿时伙伴见面的场景，晓霞简直兴奋得睡不着。由于工作繁忙很少出门，晓霞专门去问了同事得知建设路在市中心，工厂门口有公交车可以直接到达，但××家属院就只有靠自己找了。

这天晓霞装扮一新，很顺利地到了建设路，望着这么长的一条大街，她简直不知道怎么找到××家属院。晓霞突然想起一句话"有困难，找警察"，她当机立断向马路中间的一名正在指挥交通的警察走去，"警察同志，请问……"。

"快点过马路！不要站在路中间！"晓霞话未说完就被交警打断，她有点委屈，怎么警察这么凶啊！

沿着建设路走了一段，晓霞依然找不到××家属院，旁边有个年轻人急步过去，晓霞快步追上去，"哎，请问××家属院怎么走?"年轻人边走边甩了一句"不知道"就快步走了。

晓霞觉得很沮丧，怎么城里人这么没礼貌。她回头看到有个跟自己年龄差不多打扮也差不多的姑娘带了个孩子慢慢走，晓霞就笑着问道："小妹，请问你知不知道××家属院在哪里?"小姑娘迷惑地望着晓霞："我刚到这个城市，不太清楚啊!"晓霞简直失望极了，对自己忘了问小梅的电话号码而懊悔不已。

万般无奈之下，晓霞只好顺着建设路慢慢找，看到前面树荫下有几个老大爷在下棋，晓霞站在旁边犹豫了半天才鼓起勇气向一位正在看棋的大爷问路，大爷很热情地告诉了晓霞，她所说的××家属院的大门就在前方过了路口的一个小巷子里，并且为晓霞指明了家属院的门牌号，晓霞开心地连说"谢谢"，高兴地对大爷道了声"再见"就向××家属院走去。

晓霞和小梅最终见了面，但已经是晓霞到达建设路一个半小时以后了，晓霞和小梅的见面也以晓霞讲述问路历程为开端，完全没有了想象中的愉悦感。

在整个寻找××家属院的过程中，可以看出晓霞是个懂礼貌的姑娘，但是为什么她会找得如此辛苦呢? 让我们一起来看看在问路时应注意哪些问题吧。

（1）明确了解要去的地方的地址，包括区域、街道名称、家属院或者单位名称、门牌号、电话号码等。

（2）"有困难找警察"当然没有错，但是当别人正在工作的时候你去问路自然难以得到答案，尤其是站在马路中间，容易造成交通事故，警察更无暇顾及你。

（3）不要找正在急走或者忙碌的人问路，他们往往没时间跟你详细解释；最好找悠闲的老人、中年人问路，他们往往对地区环境比较熟悉，能够给你带来准确的信息。

（4）即使再忙也要用敬语，如"同志""阿姨""大姐"等，问路最忌讳用"喂""哎"等称呼。

（5）当别人不了解你所要去的地方时，你也要为耽误别人时间而表示歉意，同时为别人顾及你表示感谢，不要因为没有得到想要的答案就觉得没必要感谢别人。

（6）多使用文明用语，问路时可以说："对不起，能打扰您一下吗？"别人回答后说："谢谢！"走时道"再见"。

五、如何正确使用公共卫生间？

生活在城市里，不可避免地要使用公共卫生间，"公共"的含义就是要与他人共同使用的东西，它要求我们要"关心别人、多为别人着想"，而卫生间这样一个并不"卫生"的地方更是要处处为他人提供方便，保持这里的清洁卫生。很多人都会有这样的经历，循着气味远远地就能找到公共卫生间，走进卫生间里面脏不可观，然后是捂着鼻子迅速冲出卫生间。那么，为什么这种情况屡见不鲜呢？以下这些恶劣行为是导致这种情况出现的罪魁祸首。不冲水、用脚踩厕板和冲水手把、弄污地面、堵塞下水道、不节约使用厕纸、不关门、不敲门、如厕时间过长、不排队等。从关爱他人关心自己的角度来说，每个人都应该检查自己的卫生间礼仪。

（1）牢牢记住"来也匆匆，去也冲冲"。

（2）冲水时卫生纸、护垫等杂物不要丢进马桶，以免堵塞下水道。如果不小心把马桶垫板弄脏，一定要用纸擦干净。

（3）洗手时水要开小些，一方面节约用水，一方面可以避免水溅到洗手台和地上。

（4）如果不小心溅了水，做个有文明的人，要用纸把水擦干净。有些人习惯洗手以后一边走路一边挥动双手，甩干自己手上的水，却把地上弄得湿湿的，这样会把地面弄脏，同时也容易滑倒别人。

（5）不要长时间占用公共卫生间和洗手台。

（6）使用公共洗手间的时候，只能做简单的洗漱，请记住：使用公共盥洗间一定要速战速决。

（7）要求安静的地方不要大声交谈。

六、公共场合请勿大声喧哗

在公共场所里交谈要注意不能大声交谈或呼喊，以免影响他人的工作和生活。如果在公共场所遇到熟人，要主动打招呼，互相问候，不要视而不见，把头扭在一边，擦肩而过。如果是要在路上多聊，要靠边上一点，不要站在马路中间或者人多的地方，这样既影响交通又不安全。在路上走不小心碰撞了别人，要主动道歉；别人不小心碰了自己，应表现出宽容的态度，不要讥讽或训斥他人。

七、人走场净

一个好的环境是我们大家共同创造的，因此在公共场合也有一定的卫生要求。不随便吐痰、不乱丢果皮纸屑是最基本的要求。一定要注意保持地面、地板的清洁。无论走在街上还是在其他公共场所（如火车站、招聘会等），要做到人离开了，我们所停留的地方还是干净的。

第三节　人际交往中的沟通与礼仪

一、介绍——人际交往第一步

（一）自我介绍

我们不可避免地要与陌生人交流，在火车上、在路上、在工作中……礼貌的"开场白"是与人愉快交往的开端，因此自我介绍尤其重要。但是，在不同的场合自我介绍的方式也有所不同，有时候只需要简单地介绍一下自己姓什么，有时候需要介绍自己的名字或者称呼，而有时候则需要做更进一步的介绍。

【"开场"范例】

保姆王敏向主人介绍自己：我是王敏，大家都叫我敏敏，阿姨也可以叫我小王。

家政员刘强向雇主介绍自己：我是××家政公司的刘强，编号12345，负责清洁工作，希望我们的服务能令您满意。

餐厅领班张莉向客人介绍自己：我是××餐厅领班张莉，关于我们的服务，如果您有任何意见或者建议可以直接向我提出，我们尽量给予您满意的答复。

赵可在火车上向邻座介绍自己：我姓赵，坐这趟火车到北京去办事。

美发师李林向客人介绍自己：我叫李林，很高兴为您服务，大家都叫我毛毛，您也可以这么叫我。

导游周玲向客人介绍自己：我叫周玲，是××旅行社的导游员，今后的几天将由我陪伴各位游成都，您有任何需要请及时告诉我，相信这会是一次令您难忘的旅程。

吴雨第一次到城里的舅舅家，向舅妈做自我介绍：我是小雨，今年18岁，第一次来舅舅家，给你们添麻烦了。

刘卫打电话介绍自己：我是刘卫，麻烦找一下××，谢谢。

（二）自我介绍小技巧

说好一个"我"字。自我介绍少不了说"我"，如何说好这个"我"字关系到别人对你产生什么样的印象。有的人自我介绍时，左一个"我"怎样怎样，右一个"我"如何如何，听众满耳塞的都是"我"字，不反感才怪呢。还有的人"我"字说得特别重，而且有意拖长，仿佛要通过强调"我"来树立自己的高大形象。更有甚者，说"我"时神态得意扬扬，目光咄咄逼人，大有不可一世的气势，这种人的自我介绍不过是孤芳自赏罢了，只能给人留下骄傲自大的印象。

要给人良好的印象，就应在关键的地方以平和的语气说出"我"字，目光亲切，神态自然，才能使人从这个"我"字里，感受到一个自信、自立而又自谦的美好形象。

巧报"家门"。自我介绍少不了"自报家门"，为了使对方听清自己的准确名字，往往要对"姓"和"名"加以注释，注释得越巧，人们得到的印象就越深刻。对姓名的注释不仅可以反映一个人的文化水平、性格修养，更能体现一个人的口才。

自我介绍要从独特的角度，选择使对方感到意外又觉得自然的内容，采用活泼的语言把自己"推销"给别人。

借助别人威望给自己贴金，用吹牛来取悦对方，是不可取的。"我叫×××，厂先进工作者。别看是个小厂，可 500 人里选 5 个，也算是百里挑一吧！"这样的自我介绍给人的印象也许是深刻的，但绝不会是良好的。

（三）互相介绍

当与家人外出时遇到家人不认识的朋友或者老乡时，当推荐老乡到自己工厂工作时，当有互不相识的客人汇聚在自己家时，帮助他人相互认识就显得非常重要。这时，怎样的介绍既能够令大家相互熟悉，又显得非常有礼貌呢？可以掌握下面几个小技巧。

（1）介绍顺序。向长辈介绍年轻人；向领导介绍下属；如果双方年龄、职务差不多，则把男士介绍给女士；把家人介绍给同事、朋友；把未结婚的介绍给已结婚的；把后来的介绍给先来的。

（2）为别人做介绍的时候，最好征求一下双方的意见，不要上去就做介绍，否则被介绍的人会感到措手不及。

（3）简单的介绍例如姓名、和自己的关系等是需要的，进一步的介绍例如工作单位、年龄等可以请双方做自我介绍。

（4）如果你是被介绍的人，在介绍的过程中为了表示尊重和礼貌，应该起立，同时点头微笑或者握手，并且说"你好""很高兴认识你"之类的语言。

二、称呼——将你我拉得更近

在社会一般交际中，在某些场合我们可用职业或职称来称呼对方，如医生、教师、工程师、技术员、教授等，可以分别称张大夫、周老师等；在学位中，一般只有博士才能作为称谓来使用。在我国日常交际中，"同志"是用得最广泛的一个词。此外，称"先生"也很普遍。对长辈和妇女可以用一些比较有感情色彩的称呼，如"老大爷""阿姨""叔叔""大姐"等，是很合适的。

【事例】王大妈初次从北方来到南方某城市找亲戚，由于对城市不熟悉，她向在旁边等车的一位妙龄少女问路："大姐，请问到建设路咋走啊？"少女惊讶地看了看这位称自己为"大姐"的大妈，非常不耐烦地向东面指了指。王大妈边说"谢谢大姐"边向东走去，只听后面一声嘀咕"这人有病啊"。王大妈心里自然有点不愉快："俺们那里可是尊敬你才叫你是大姐的。"

事实上，"大姐"这一称呼在王大妈所在的地方的确是一种敬称，只是王大妈用在了不恰当的地方，也不难理解这个少女为何会有此反应。在些情况下，"姑娘"和"小妹"都更为恰当。

喊人称呼的用法很多，用得不适当会令听者产生不好的感觉，当你不能确定该选择哪个称呼时，"老师"一词可谓是万能模板，在一般场合都比较适合。

三、握手——表示友好的方法

握手最早发生在刀耕火种的年代。那时，在狩猎和战争时，人们手上经常拿着石块或棍棒等武器。他们遇见生人时，如果相互都无恶意，为表示友好，就要放下手中的东西并伸出手掌让对方抚摸自己的掌心，表示手中没有藏着任何武器。这种习惯逐渐演变成后来的握手礼节，现在握手是日常见面的最普遍礼节了。

【事例】已经当上小老板的刘明说，现在好多农民都做买卖了，在和客户打交道的时候，人家往往通过你的举止判断你的企业和产品是个什么档次，这么一想，这可真不是小事，我在礼仪学校里，最有感触的就是学习如何同女士握手。以前，我从来没跟女士握过手，老是觉得没必要，也不知该怎么握。不过，现在我可不怵了。要跟女士握手，我是这么觉得，首先应该是人家女士主动向我伸出手来，我才能跟人家握，不能主动抓人家的手。而且握手的力度得看人家女士用多大的劲，我就用多大的劲，不能太用力了……

在日常生活中，人们往往容易忽视握手的基本规矩，以致经常出现"失礼"的情况。这就需要对握手礼有一个全面的了解。

（一）什么是握手礼

握手礼的种类一般分为单手握和双手握这么两种。单手握是最普通的握手方式。握手时，上身要微微前倾，目视对方与之右手相握，并可以适当上下抖动以表示亲热。双手握，是为了表示对对方加倍的亲切和尊敬。应该同时伸出双手，握住对方右手。但是，这种握手方式不宜每次都用，它的适用范围只在年轻者对年长者，身份低者对身份高者，或同性朋友之间——非常熟悉感情深挚的那一类朋友握手时使用。男子对女子一般不用这种礼节。

（二）握手的先后顺序

男女之间，男方要等女方先伸手后才能握手，如女方不伸手，并没有握手之意，可以点头或鞠躬致意。

宾主之间，迎客时主人应向客人先伸手，以表示欢迎；告辞时待客人先伸手后，主人再伸手与之相握，才合乎礼仪，否则有逐客之嫌。

长幼之间，年幼者要等年长者先伸手。

上下级之间，下级要等上级先伸手，以表示尊重。

朋友和平辈之间谁先伸手都可以，一般谁伸手快，谁更为有礼。

当一个人有必要与多人一一握手时，即可以由尊而卑地依次进行，也可以由近而远地逐个进行。

（三）握手的时机

当你与人道别的时候。

当你与某人谈话结束的时候。

当你向某人道贺的时候（在演讲或颁奖之后）。

在社交场合有人为你做介绍以及当你要离开他们的时候。

当你家或单位有客人来访的时候。

（四）握手的力度

握手的力度要适中，不可用力过猛，也不可完全不用力或柔软无力地同人握手，否则会给人以缺乏热忱或敷衍之感。如果为了表示热情友好，应当稍许用力，但以不握痛对方的手为限度。另外，男士握女士手应该轻一些，不要握满全手，只握其手指部位即可，但老朋友可以例外。握手之前要审时度势，听其言观其行，留意握手信号，选择恰当时机。尽量避免出手过早，造成对方慌乱，也避免几次伸手相握都不成功的尴尬局面。握手时间长短的控制，可根据双方的亲密程度灵活掌握。初次见面者，一般应控制在二三秒钟，切忌握住异性的手久久不松开。握住同性的手时间也不宜过长，以免令对方产生误会或不快。

（五）握手时的一些行为辨别

√握手时，两眼目视对方，面含微笑，并同时问候对方，如"您好！""见到您很高兴！""久仰！"等。

×握手时左顾右盼，心不在焉。

×与客人见面或告辞时，跨门槛握手。坐着握手而不是站着握手。

×右手与别人相握的时候，左手插在口袋里。

×用左手与对方握手。

×男士戴着手套与他人握手。

×有几个人在场时，只同一个人握手，对其他人视而不见。

×同时与多人握手时，不等别人握完就伸手，交叉相握。

×握着他人的手发表长篇大论或者点头哈腰。

四、拜访——深层次的交往

在现代社会，大众传媒获得飞速发展，各层组织体系的末梢触及社会的每个角落，信息的传递在以惊人的速度加快，信息传递的成本则在以惊人的幅度降低。过去中国农村中的老农，其一生的生活范围往往只是村庄周边，而现在通过电视和广播，中国的农民可以和纽约的市民收看同一场体育比赛的现场直播。然而，在那些关系到农民切身利益的个人决策中（如职业选择），农民根据的主要信息来源依然是亲属和朋友。如何在工作中和生活中与老乡融洽相处？在拜访城市的亲戚朋友时要注意哪些礼仪礼节？了解这些问题对于希望能够在城市落脚并最终融入城市的农民朋友来说至关重要。

（一）怎样与老乡融洽相处

中国人历来注重乡情，尤其是出门在外的游子更是如此，"他乡遇故知"也因此成为人生四大乐事之一。出门在外能够听到一句家乡话，遇到一个家乡人，岂止是"两眼泪汪汪"？如何与老乡团结融洽、共同努力，无论对你的工作还是学习来说都是至关重要的，他们总是能够给你带来心灵上的慰藉，甚至物质、信息上的帮助。

老乡之间往往是亲密无间的，尽管如此也要在礼仪礼节上有所注意，避免纷争。

（1）遇事多用商量的口吻，避免使用绝对化的语气。在与老乡交往的时候，要特别注意使用商量的口气，例如"你觉得这件事情怎么解决比较好？"或者"你说我这样做好不好？"避免使用诸如"你又不懂，乱说什么！"或者"你总是这样！"的话，这种语言会伤害老乡的自尊心，从而引起他人的反感。此外，不能因为彼此是老乡就忽视文明用语，得到别人的帮助时一样要说"谢谢"。

（2）不开过火的玩笑，对于善意的玩笑一笑了之。老乡之间关系亲密，互相开玩笑是很正常的行为，但是任何玩笑都不能开过火，尤其不能拿别人的缺陷或者隐私开玩笑。对于别人对你无意的伤害，要充分理解，善意的玩笑要一笑了之。

（3）不揭他人短处，不说他人隐私。

【事例】小五和小军是从小玩到大的铁哥们儿，二人一起上学，一起回家，现在又一起被一个年纪略长的同乡带到了一家建筑工地打工，在这里他们又结识了很多来自同一个县的老乡。小五是个性格开朗、乐于助人的小伙子，在工地里很受欢迎，相比之下，小军则沉默寡言得多。小五知道，小军是家庭压力太重了。小军的母亲在小军还小的时候因受不了穷困而跟别人走了，留下了体弱的父亲和一个有智力障碍的哥哥。来到工地后，小五一直很想帮小军多挣点钱好寄回家里，于是瞒着小军跟几个先来的老乡说了小军家的情况，希望能有更好的工作机会给小军。不料小军听说了这件事后，怒气冲冲地来质问小五，临走时瞪着小五说："我家的事情不要任何人管！"小五百思不得其解，为什么小军会那么生他的气呢？小五也是一片好意啊！

小五出于好意帮助朋友是没错的，但是他用错了方式，他将别人的隐私未经允许就告诉他人是非常不顾礼仪的行为，容易伤害他人的自尊心，也会使朋友难以继续信任这样一个会谈论他人隐私的人。朋友之间尚且如此，关系略微疏远的同乡之间更要注意保护隐私。

（二）拜访亲友要注意哪些问题

在日常生活中，走亲访友，到其家里做客是常见的一种交际形式，是联络感情、增进友谊的有效方法，更重要的是，许多重要信息也是由此获取，因此，在走亲访友的时候要特别注意给别人留下好印象。在礼仪方面，以下几点是要特别注意的。

（1）拜访任何人都要事先约定，最好给对方写信或者打个电话约定好时间，以便别人事先做一点安排。如果没有事前约定，一方面容易给别人带来不方便，另一方面也可能找不到希望拜访的人，达不到拜访目的。

（2）时间约定后，应该准时到达，不要让人久等。如果有特殊原因不能去，要尽可能提前通知对方，并表示歉意。

（3）临行前可以给友人带一点礼物以示尊重，如鲜花、水果、书刊、家里的特产等，或者给老人或孩子买一点礼物，所谓礼多人不怪。如果送礼的对象是异性，最好当着友人夫妇的面递上礼物避免产生误会。

（4）到达朋友的住所后，进门前要先按门铃或敲门，敲门的声音不要太大，按门铃的时间也不要太长，只要能让主人知道你已经到了就可以了。有人前来开门，应礼貌地询问被拜访者是否在家。不能人家一开门就直接向里，就算是人家门户洞开，也应当站在门口打招呼，等到有人接应了才进去。

（5）在友人家里，要注意自己的举止、行为，即使是很亲密的朋友，也不要过于随便。友人端上茶来要站立双手迎接，并表示谢意。不要在友人家里乱扔瓜果皮核、随地吐痰，不要随意翻动友人的书信、报刊、工艺品或其他东西，不要批评友人家中陈设，也不要在友人家中乱走乱窜，更不要进入友人的卧室乱躺乱坐。

（6）如果没有要事相商，做客的时间不宜太长，见到友人或其家人显出疲倦或者有事的情况，应适时告辞。假如友人请你一起吃饭，饭后稍停片刻再走，否则会留下为吃饭而来的印象。

（7）辞行时除应向友人道别外，对友人的家属和在座的其他客人也应该致意一下。出门后应请友人就此留步，不要让人家一直陪你走下去，如有意请友人回访，可在此刻提出邀请。

（8）拜访的若是异性朋友，最好白天去，可以与人结伴拜访，以免引起误会。在异性朋友的住所中遇到其他人，不要羞涩不安或闪烁其词，以免使人产生误会。

（9）在亲友家里留宿要尊重人家的生活习惯。例如，不晚于亲友的休息时间休息；在别人工作时保持安静；保持家里的清洁卫生等。

（10）使用朋友家的卫生间，也是对你的文明程度的考验。要用卫生间时应向主人说："请问，卫生间在哪儿？"根据主人的指引和某些事宜的交代之后再使用，千万不要随便使用主人房的卫生间。记住：冲水、擦坐垫；洗手时不要让水溅出盆外。如果不是特殊情况，最好不在朋友的卫生间大便。

第四节　其他场合中的沟通与礼仪

在任何场合都要学会说"您好""请""谢谢""对不起""再见"这些文明用语。

【事例】别看小刘才到城里没两年，现在他可已经是大学路菜场里的佼佼者了，他的蔬菜总是菜场里最早卖完的，去年还被大学路农贸市场管理处评为"文明商贩"呢！究其原因，除他的蔬菜价廉物美、从不欺诈客户外，还有一个很重要的方面就是他总是微笑待客，礼貌用语，让每个顾客都倍感舒服。顾客来了他说"您好，今天要买点什么啊？请随便挑选"；顾客选购了东西他说"谢谢""请慢走"；顾客没买东西时他说"没关系，下次再来"；顾客需要的他没有，还会跟人说"对不起"。他的热情好客总是能够赢得顾客的好感，久而久之，附近的居民都亲切地称他"蔬菜小刘"，他的生意也日渐红火起来。

文明用语小常识：

初次见面说"久仰"。

求人帮忙说"劳驾"。

求人解答说"请问"。

看望别人说"拜访"。

陪伴朋友说"奉陪"。

求人方便说"借光"。

请人指点说"赐教"。

中途离开说"失陪"。

等候客人说"恭候"。

征求意见说"指教"。

麻烦别人说"打扰"。

托人办事说"拜托"。

送客出门说"慢走"。

求人原谅说"包涵"。

向人祝贺说"恭喜"。

称赞别人说得好说"高见"。

请人不送时说"留步"。

跟客人道别时说"再来"。

当然，仅仅会说文明用语还是不够的，要学会在合适的场合说合适的文明语言。

【反面案例】小华在一家花圈店打工，第一天上班来了一个小伙子，神情悲戚地走进来，小华迎上去："欢迎光临！"耐心询问了小伙子的需要后，小华为小伙子挑选了一个合适的花圈，并且写好了挽词。小伙子付钱后出门，小华微笑着说："谢谢惠顾，欢迎再来！"小伙子听到后，全身一震，愤怒地瞪了小华一眼，说："我永远不会再来了！"

小华错在哪里了呢？只有在人们遭遇不幸时，才会光顾花圈店，任何人都不会愿意常和花圈打交道，小华"欢迎"客人"再来"，客人当然会不高兴。对在客人微笑服务也不是"万金油"。临走时，小华说"请节哀顺变"，顾客往往会感到慰藉，心灵受到安慰。

虽然文明用语是一种礼貌的语言表达方式，但是它们并不是万能的。某个相声演员曾经表演过这样一个相声，以讽刺那些将文明用语挂嘴边，但是行为并不礼貌的人。相声里面讲：父亲某天去邮局寄信，由于不熟悉邮局的寄信方法，就问柜台里的服务员："请问信封在哪里买？"答道："对不起，不知道。"买了信封后又问："贴多少邮票？"答道："请原谅，自己看。"贴了邮票后再问："多久能寄到？"答道："不知道，请走好。"虽然这个相声有夸张的成分在里面，但是不可否认，现实中的确存在这种乱用文明用语的做法。

那么，遇到这种情况怎样表达才是礼貌的做法呢？首先，你当然要熟悉你所做的工作；其次，当你实在不能回答别人提出的问题时，你可以采用试探或者建议的语气说"你可以去问一下×××，他在旁边的柜台"，或者请别人稍等一下，你亲自了解情况后再进行解答。

第七章 新时期农村服务中的沟通与礼仪

第一节 农村服务中的接待礼仪

本节主要叙述了在迎送服务过程中各个环节的基本要求，接待者在仪容仪表方面应达到的标准，以及接待的类型、形式、规格、标准和接待中应掌握的服务要领等。通过本节内容可以使读者对迎送服务和接待服务的基本知识有一个详细的了解。

一、迎送服务礼仪

（一）迎客的礼仪

迎来送往是社会交往活动中最基本的形式和重要环节，是表达主人情谊、体现礼貌素养的重要方面。尤其是迎接，是给客人良好印象的开始，为下一步深入接触打下基础。所以就迎客接待的准备而言，应注意全面考虑，周到安排。

（1）了解来宾状况，尤其是主宾的个人简况。例如，姓名、性别、年龄、职务、专长、偏好、知名度等。在了解来宾的具体人数时，不仅要求准确无误，而且应着重了解对方由何人负责、来宾之中有无夫妇等；了解来访的目的、来访的行程、来访的要求等。

（2）制订接待日程。接待日程，即接待来宾的具体日期安排。其基本内容应包括迎送、会见、谈判、参观、游览、宴请等。在一般情况下，接待日程的具体安排应完整周全，疏密有致。它的制订通常应由接待方负责。如果需要宾主双方先期有所沟通的，那么要对来宾一方的要求充分予以考虑，接待日程一旦最后确定，应向来宾进行通报。

（3）场所。接待场所即通常说的会客室。在客人到达前要根据具体情况，把会客室精心收拾一番，比如一般情况下应先打扫卫生，适当准备一些香烟、水果、饮料、茶具，摆放一些鲜花等。如果是商业或其他公务会谈，还应准备一些文具用品和可能用上的相关资料，以便使用和查询。总之，会客室的布置应本着整洁、美观、方便的原则。

（4）接站。来访者到来之前，要了解客人是乘坐什么交通工具。如果是带车来访，那么就在自家门口做好准备即可；如果是乘公共汽车、火车、飞机、轮船而来，就应做好接站的准备。接站时，如果有车应带车前往车站、码头或机场候客，最好准备一块接客牌，上面写上"迎接××代表团"或"迎接××同志"或"××接待处"等字样。迎接时要举起接客牌，以便客人辨认。妥善做好这些工作，能给客人以热情、周到的感觉，不至于因环境不熟、交通不便给客人带来困难和麻烦。

（5）食宿安排。首先要了解客人的生活习惯；其次按照接待规格尽力而为，不铺张浪费。

（6）接待者的服饰仪表。美的仪表是美的心灵的体现，是对社会和他人的尊重。主人仪表整洁程度与对客人的尊重程度有直接联系。如果一个人的服饰不符合一定场合的要求，就会引起误会。接待者对自己的服饰、仪表要做恰当的准备，不可随随便便。着装的总体要求要体现仪表美，除整齐、整洁、完好外，还应同时兼顾以下原则。

一是文明大方。要符合道德传统和常规做法。在正式场合，忌穿过露、过透、过短和过紧的服装。特别是夏季更应注意，不要穿背心、裤头、拖鞋接待客人。身体部位的过分暴露不但有失自己身份，而且也失敬于人，使他人感到多有不便。

二是搭配得体。要求着装的各个部分相互呼应，精心搭配，特别是要恪守服装本身及与鞋帽之间约定俗成的搭配，在整体上尽可能做到完美、和谐，展现着装的整体之美。

三是个性特征。原则上要求着装适应自身形体、年龄、职业的特点，扬长避短，并在此基础上创造和保持自己独有的风格，即在不违反礼仪规范的前提下，在某些方面可体现与众不同的个性，切勿盲目追逐时髦。

（7）迎宾者的接待姿势。①站立要求。迎宾按规定着装，立于指定位置，必须保持抬头、收腹、平肩，女迎宾员站姿脚为"丁"字形或"V"形，左脚脚跟靠右脚脚心处，两脚之间成30°为宜，双手自然下垂在腹部，右手放于左手上面。男迎宾员站姿为双脚与肩同宽，双腿绷直，双手背后，右手放于左手后面。要面带微笑，目视前方，精神饱满地迎接客人的到来，不得交头接耳，不得依靠门或其他物体，站位要整齐美观。有客人到达迎宾区域时，迎宾员应面带微笑向客人行鞠躬礼，并向客人问好和表示欢迎。②引领要求。在引领客人的过程中迎宾员要注意如下细节。引领时，做里面请的手势，将右手臂自然弯曲，提至齐胸的高度，手指伸直五指并拢，手掌心向上以肘关节为轴，指向目标，动作幅度不要过猛。同时，礼貌地对客人说："先生（女士），请您这边走，您请跟我来！"引领客人入座行走时，应在宾客的左侧前方1.5米左右侧身行走，行走速度要适中，不要太远，走路速度不要太快，并注意回头观察客人是否跟上，行走过程中不时地回头示意客人，遇到转弯时要向客人示意，并略作停留，等客人走近后再继续前行。上台阶或有拐弯时提醒客人慢行。

（8）欢迎词。欢迎词是迎接客人时使用的问候语言，一般情况下不须作出书面准备，但见到客人时要说"欢迎您的到来""欢迎您指导工作""欢迎光临"之类的话。对于一些隆重的接待，则要准备一些简短的书面欢迎词。另外，一般在重要的公务接待中，还要准备一些欢迎标语，以示对来访者的尊敬。

（9）交通工具。出于方便来宾的考虑，对其往来、停留期间所使用的交通工具，接待方也需要予以必要的协助。需要接待方为来宾联络交通工具时，应尽力而为；需要接待方为来宾提供交通工具时，应努力满足；而当来宾自备交通工具时，则应提供一切所能提供的便利条件。

【事例】有一次，著名美籍舞蹈家孟建华来上海参加国际艺术节，应邀来到金沙江大酒店，参加舞厅的开张仪式并表演节目。当他第一次到达大酒店时，站在门厅的迎宾服务员立刻向他微笑致意，说："您好！欢迎您光临我们的酒店。"第二次孟先生来酒店时，服务员已经认出他来了，边行礼边热情地说："孟先生欢迎您再次光临，我们经理已有安排，请上楼。"随即陪同孟先生一起上了楼。时隔数日，当孟先生第三次踏入酒店大厅时，那位服务员脱口说出："欢迎您三次光临，我们酒店感到十分荣幸。"事后，孟先生对酒店负责人说："贵店的服务员很不错，不呆板、不机械，你们的服务水平很高！"

这个事例告诉我们，无论对初到顾客，还是多次光临的客人，每次见面的第一句话，都要热情礼貌。

（二）待客的礼仪

良好的待客之礼，体现出主人的热情和殷勤。它不仅使客人感到亲切、自然、有面子，也会使主人自己显得有礼、有情、有光彩。

（1）会面。"出迎三步，起身送七步"是我国迎送客人的传统礼仪。接待客人的礼仪要从平凡的举止中自然地流露出来，这样才能显示出主人的真诚。客人在约定的时间按时到达，主人应提前去迎接。如果是在家庭中接待朋友，最好是夫妇一同出门迎接客人的到来。见到客人，主人应热情地打招呼，主动伸出手相握，以示欢迎，同时要说"您路上辛苦了""欢迎光临""您好"等用语。如果客人提有重物，应主动接过来，但不要帮着拿客人的手提包或公文包。对长者或身体不太好的客人应上前搀扶，以示关心。

（2）让座与介绍。如果是长者、上级或平辈，应请其坐上座；如果是晚辈或下属则请其随便坐。如果客人是第一次来访，应该介绍一下，并互致问候。

（3）敬茶。在待客中，为客人敬茶是待客的重要内容。待客人坐定，应尽量在客人视线之内把茶杯洗净。即使是平时备用的洁净茶杯，也要再用开水烫洗一下，使客人觉得你很注意讲卫生，避免因茶杯不洁而不愿饮用的尴尬局面。茶杯要轻放，不要莽撞，以免茶水泼洒出来，端茶也是应注意的礼节，应双手给客人端茶。对有杯耳的杯子，通常是用一只手抓住杯耳，另一只手托住杯底，把茶水送给客人，随之说声"请您用茶"或"请喝茶"，切忌用五指捏住杯口边缘往客人面前送，这样敬茶既不卫生，也不礼貌。不要直接用手取茶叶。斟茶动作要轻，要缓，同时不要一次性斟得太满，而斟茶应适时，客人谈兴正浓时，莫频频斟茶。客人停留时间较长时，茶水过淡，要重新添加茶叶冲泡，重泡时最好用同一种茶叶，不要随意更换品种。对来访客人，无论职位高低、是否熟悉，都应一视同仁，热情相迎，亲切招呼。如接待现场有家人、亲朋好友或同事，也应一一给予介绍，以表现出友好的气氛。如果客人突然造访，也要尽快整理一下房间、办公室或书桌，并对客人表示歉意。

（4）接待中的谈话。谈话是待客过程中的一项重要内容，是关系到接待是否成功的重要一环。语言运用是否准确恰当，直接影响着交谈能否顺利进行，接待能否成功。因此，接待人员在交谈中尤其要注意语言的使用问题。

首先，谈话要紧扣主题。拜访者和接待者双方会谈是有目的的，因此谈话要围绕主题，不要偏离主题。如果是陪访，或者朋友之间的交流，要找双方都感兴趣的话题，不要只谈自己的事情或自己关心的问题，不顾对方是否愿听或冷落对方。

其次，谈话的表情要自然，语气和气亲切，表达得体。说话时可适当做些手势，但动作不要过大，更不要手舞足蹈，不要用手指指人。谈话时要尊重他人，不要恶语伤人，不要强词夺理，语气要温和适中，不要以势压人。在交谈中，要善于使用一些约定俗成的礼貌用语，如"您""谢谢""对不起"等。会谈还要注意认真倾听别人讲话，不要东张西望地表现出不耐烦的表情，应适时地以点头或微笑作出反应，不要随便插话。要等别人谈完后再谈自己的看法和观点，不可只听不谈，否则，也是对别人不尊重的一种表现。要注意坐姿，不要频繁看表、打哈欠，以免对方误解。

最后，要简洁明确，通俗易懂。不要堆砌辞藻、卖弄学识，更不要喋喋不休、啰啰唆唆。要用规范化的语言和标准的普通话，不能用方言、土话。要发音标准，吐字清晰。所说之话含义明确，不可产生歧义，模棱两可，以免产生不必要的误会。交谈中应当尽量避免一些不文雅的语句和说法，不宜明言的一些事情可以用委婉的词句来表达。例如，想要上厕所时，宜说："对不起，我去一下洗手间。"或说："不好意思，我去打个电话。"

（三）送客的礼仪

送客是接待的最后一个环节，如果处理不好将影响到整个接待工作的效果。送客礼节，重在送出一份友情。

（1）婉言相留。无论是接待什么样的客人，当客人准备告辞时，一般应婉言相留，这虽是客套辞令，但也必不可少。客人告辞时，应在客人起身后再起身。如果是家里接待客人，最好让家中成员一起送客出门。分手时应充满热情地招呼客人"慢走""走好""再见""欢迎再来""常联系"等。

（2）送客有道。可将客人送至车站、机场或者大厅。应在客人的身影完全消失后再返回。否则，当客人走完一段路再回头致意时，发现主人已经不在，心里会有些不是滋味。另外，在家里或者办公室送客时，送毕返身进屋后，应将房门轻轻关上，不要使其发出声响。那种在客人刚出门的时候就"砰"地关门的做法是极不礼貌的，并且很有可能因此而"砰"掉客人来访期间培养起来的所有情感。到车站、码头或机场送客时，不要表现得心神不宁，以使客人误解在催他赶快离开。送客到机场，最好等客人通过安检后再返回。因为也许有些物品不让带上飞机而需要你保管。

二、接待服务礼仪

（一）接待的概念

接待指个人或单位以主人的身份招待有关人员，以达到某种目的的社会交往方式。接待和拜访一样，同样可以起到增进联系、提高工作效率、交流感情、沟通信息的作用，同样是个人和单位经常运用的社会交往方式。

（二）接待的类型

按照不同的标准划分，接待有不同的类型。一般来说，有以下方面。

1. 以接待对象为标准划分

（1）公务接待。为完成上下级之间、平行机关之间的公务活动而进行的接待。

（2）商务接待。针对一定的商务目的而进行的接待活动。

（3）上访接待。政府部门对上访群众的接待。

（4）朋友接待。朋友之间为增进友谊、加强联系而进行的接待。

2. 以接待场所为标准划分

（1）室内接待。机关团体的工作人员在自己的办公室、接待室对各种来访者的接待。

（2）室外接待。对来访者到达时的迎接、逗留期间的陪访及送行时的接待。

（三）接待的原则

虽然接待的类型不同，但是其讲究的礼仪、遵循的原则大致相同。无论是单位还是个人在接待来访者时，都希望客人能乘兴而来、满意而归。为达到这一目的，在接待过程中一定要遵循平等、热情、礼貌、友善的原则。在社会交往活动中，不论单位大小、级别高低、不论朋友远近、地位异同，都应一视同仁、以礼相待、热情友善。这样才能赢得来访者的尊敬和爱戴，达到沟通信息、交流感情、广交朋友的目的。如果在接待中不遵循接待原则，就无法很好地沟通和建立联系，甚至会影响到双方关系和合作。

（四）接待规格

接待规格指的是接待工作的具体标准。它不仅事关接待工作的档次，而且与对来宾的重视程度直接相关。接待规格的基本体现有三点：一是接待费用支出的多少；二是级别问题，根据接待主宾人员的身份确定级别；三是接待规模的大小。

1. 接待规格的确定方法

在具体运作上，接待规格的确定有五种方法可循。第一，可参照国家的明文规定。第二，可执行常规做法。第三，可采取目前通行的方式。第四，对等的常规做法。第五，可学习其他成功的先例。

无论采用何种接待规格，在操作中要注意确定以下因素。

（1）确定主宾身份（年龄、习俗、宗教、政治倾向等）。

（2）确认菜单。最好请客人确定，避免犯忌。在正式宴会时最好将菜单放在客人面前。

2. 接待费用

从总体上讲，接待工作的方方面面均受制于接待费用的多少。在接待工作的具体开销上，务必要勤俭持家，严格遵守上级有关部门的规定。要坚决压缩一切不必要的接待开支，提倡少花钱、多办事。某些需要接待对象负担费用的接待项目，或需要宾主双方共同负担费用的接待项目，接待方必须提前告知接待对象，或与对方进行协商，切勿单方面做决定。

3. 接待规格中的级别问题

（1）对等接待。陪同人员与客人的职务、级别等身份大体一致的接待，这在接待工作是最常见的，一般来讲，来的客人是什么级别，本单位也应派什么级别的同志陪同。

（2）高规格接待。陪客比来客职务高的接待。作出这类接待安排主要出于以下几种情况的考虑。一是上级领导机关派工作人员来检查工作情况，传达口头指示；二是平行机关派工作人员来商谈重要事宜；三是下级机关有重要事情请示；四是知名人物来访谈或是先进人物来作报告。总体来说，之所以要高规格接待是由于重要的事情和重要的人物必须由有关负责人直接出面。

（3）低规格接待。陪客比来客职务低的接待。这种接待在下列情况下，如上级领导来研究、视察工作，来客目的是参观学习等，可作低规格接待处理。但在这种接待中要特别注意热情、礼貌，而且要审慎用之。

上下级来访的接待礼仪：上级来访，接待要周到。对领导交代的工作要认真听、记；领导了解情况，要如实回答；如果领导是来慰问，要表示诚挚的谢意。领导告辞时，要起身相送，互道"再见"。下级来访，接待要亲切热情。除遵照一般来客礼节接待外，对反映的问题要认真听取，一时解答不了的要客气地回复。来访结束时，要起身相送。

（五）几种常见的接待形式

1. 会议接待

（1）会议筹备工作。确定接待规范，发放会议通知，选择并布置会场。会议资料也要事先准备好，文件资料应用文件袋装好。

组织召开的会议一般有两种。一种是组织内部召开的会议，另一种是由上级部门召开，本组织承办的会议。由于参加会议的主要领导身份不同，接待规范也不一样。组织内部的会议应尽量俭朴，讲究效率，不拘形式。如果是请上级领导参加的表彰会、庆祝大会，出于对领导的尊重和对外宣传的需要，可将会议搞得隆重些。上级部门主持召开的会议，因邀请各企业代表参加，所以会议规模大、规格高，为了完成高规格的会议接待工作，通常有组织的一位主要领导直接抓会议筹备工作，专门研究布置会议的各项具体工作，明确各接待人员的职责。

（2）会议前的接待工作。检查准备情况，查漏补缺。迎接来宾，组织签到和做好引座工作。

（3）会议中的服务礼仪。接待人员应及时端茶、倒水。

在颁奖仪式上迅速组织受奖人按顺序排列好，及时送上奖状或荣誉证书，由领导颁发给受奖者。

如果有电话或有事相告，工作人员应走到对方身边，轻声转告。如果要通知主席台上的领导，最好用字条传递通知。工作人员在会场上不要随意走动，不要使用手机。

（4）会议善后工作。与会人员离别时，接待人员应根据情况安排车辆把客人送到车站、码头或机场，待客人登上车、船、飞机，与客人告别后方可离去。

2. 参观游览

接待来宾提出或条件允许的情况下，可为其安排参观游览活动。

（1）选定参观游览的项目。要根据宾客来访的目的、性质、兴趣及本地的实际条件确定参观游览的项目。

（2）落实日程。参观游览日程安排与宾客协商，比如先参观哪里、途中休息和用餐、逗留和集中时间、所安排的交通工具等。接待方应安排身份适合的人员陪同宾客参观游览，并选派导游解说。做好接待准备的同时，注意对商业秘密和产品信息进行保密和安全。

（3）注意事项。在接待参观者游览过程中，要有张有弛，注意宾、主双方人员的疲劳程度和安全。

3. 家庭接待

（1）恭迎。与要来访的客人事先约好后，主人必须在家等候。如果因特殊情况确实要改变时间，一定要事先通知对方并请求谅解。当客人敲门或摁门铃时要尽快去开门。见到客人要热情招呼、寒暄问候，并请客人入内，帮助挂外衣、帽子并将客人随身携带的物品放在合适的地方，同时要表示对客人的欢迎。

（2）介绍。如与来访者是第一次见面，见面时双方都应主动自我介绍。说明身份后，将客人引入室内并向家人一一介绍，同时将家人介绍给客人。如果来访者虽然不是初次见面，但却是第一次来家做客，也应将客人与家人相互介绍。

（3）敬茶上烟。请客人入座后要给客人沏茶、敬茶。沏茶时茶叶量要适中，用开水冲泡。斟倒茶水时，水量以八分满为宜。茶具要干净，不能有残缺或茶垢。敬茶时应面带着微笑双手奉上并说："请用茶。"如果客人不止一位时，第一杯茶应给职务高或年长者。如果客人有吸烟的嗜好，还要敬烟。客人不吸烟不可勉强。

（4）交谈。如果谈话的内容与家人没有关系，家人可回避。与客人交谈态度要友好、热情，不能对客人爱答不理，不能边谈边干别的事。冷落客人是很失礼的行为，即使是很不受欢迎的客人，也不能做一些带有明显"驱赶性"的动作。

（5）送客。客人要告辞时，应以礼相送。客人要走；主人不能先于客人起身，不能走在客人前面为客人开门。客人临别时，家中成员都应起身相送，或握手告别并欢迎下次再来。最后将客人送至门口或楼下，待客人身影完全消失后才可返回。绝不能在客人刚出门就将门重重地关上，这将使客人产生极不舒服的感觉。

接待工作视来访者的身份、来访目的、接待地点的不同而有所不同。但各类接待的目的是一致的，即让来宾感到受尊重，感到东道主的诚意，为双方进一步展开实质性合作打下基础。

第二节　农村餐饮旅游服务中的沟通与礼仪

本节主要叙述了农家乐的概念、类型，农家乐餐饮服务流程；观光园的概述，服务员应具备的基本素养，以及观光园服务的基本要领等。通过本节内容读者可以对农家乐和观光园这两种新兴的集娱乐、餐饮、休闲于一体的旅游方式有一个初步的认识。

一、农家乐餐饮礼仪

现在的社会交往活动中，宴请是最常见的交际活动，在整个社交礼仪中占有非常重要的地位。刚刚兴起的农家乐是一种旅游休闲方式，在旅游的同时，餐饮服务也是一个重要的组成部分，加强农家乐餐饮服务水平是提高当地农家乐知名度、扩大影响力的一个重要手段。

（一）农家乐的概念及类型

农家乐是新兴的旅游休闲形式，是农民向城市现代人提供的一种回归自然从而获得身心放松、愉悦精神的休闲旅游方式。一般来说，农家乐的业主利用当地的农产品进行加工，满足客人的需要，成本较低，因此消费就不高。而且农家乐周围一般都是美丽的自然或田园风光，可以满足舒缓现代人的精神，因此受到很多城市年轻人的欢迎。它主要包括农家园林型、花果观赏型、景区旅舍型、花园客栈型等四种类型。

（二）农家乐餐饮接待服务的主要流程

农家乐服务员主要来自本地或附近的乡村，有的是店主直接服务，缺乏专业的餐饮服务技能，要提高服务水平，就必须掌握餐饮服务的基本要领。

1. 餐前准备工作

餐前准备工作分为4个部分。

（1）卫生清理。主要指个人及环境卫生的清洁工作。①个人卫生的检查。仪容仪表的检查，上岗后要先检查个人的仪容仪表。表情要开朗，面带微笑，端庄大方，头发梳理整洁，前不遮眉，后不过领。着统一服装，服装要体现农家特色，洗涤干净，熨烫平整，纽扣齐全、扣好，不得卷起袖口，冬天毛衣不得外露，工作牌统一佩戴，鞋整齐，袜子是男深色、女肉色。②区域卫生的检查。检查自己所负责区域的卫生，地面是否有水渍、垃圾、纸屑等杂物。墙壁是否有污迹、蛛网，墙皮是否脱落、松动。艺术挂件、花瓶是否周正、无损坏，要整洁、干净。保证窗帘无破洞，无挂钩、脏迹。保证灯具的完好有效。台面是否干净，摆放的餐具是否齐全，保证光亮，无水渍、油渍，无破损。保证餐柜的干净整洁。

（2）物品管理。餐柜上要准备茶壶、暖壶、酱油、醋瓶，茶壶内要放适量的茶叶和水。保证暖壶内有90℃以上的开水，暖壶外表干净、无水珠。酱油、醋充足无异味。托盘按标准数量配备，要干净，无水渍、油渍。

（3）明确销售。了解特色菜品推荐，个人销售定额及菜肴品类的销售量，掌握个人区域预定情况。

（4）交接工作。上述工作做完之后与领班交接检查，无误后再次整理个人的仪容仪表，按标准站姿站位站立。

2. 开餐工作与迎宾

交接后，以标准的服务站姿于服务区域等候。包房的服务人员要在客人到来之前将房间内所有的照明开启。第一时间打开灯，空调调到适当的温度。客人到来时，引领进入包房并为客人拉开座椅。询问客人的衣服是否需要挂起，接挂衣服时要拿住衣服的领口，不许搭在胳膊上。之后与领位员交接。

客人到来时，要报姓名，例如，"您好，我的名字叫××，很高兴为您服务。"客人落座后，要询问客人是否需要茶水，或推荐本店的自制饮品，声音适中、甜美，语速适中。例如，"本店有热乎乎的奶茶，您需要来一杯吗？"如果不需要，则按客人需求服务。泡茶必须使用开水，附带礼貌用语，并提醒客人小心物品被打湿。随后询问是否点菜，要热情主动，了解菜品的营养搭配，掌握点菜的要领。这些程序不仅可以使整个餐饮过程和谐有序，更使主客身份和情感得以体现。

点菜：点菜前要先了解顾客的情况，询问客人是否有预定，要做到：一看，如他的年龄（老人、小孩）、目的（商务、快餐）等。二听，听他的口音，外地的客人如果用他家乡的口音和他说话会让他感到亲切。三问，客人的特殊要求，有无忌口、厌食的食品等。了解客人的情况之后就可以根据客人的需求向他推荐菜品了。

向客人推荐特色菜品时语言不要生硬。点菜时要注意菜品色泽的搭配、荤素的搭配、冷热的搭配等。点完菜后要注意为客人重复菜单，确认之后再核对一遍点菜单上的台号、人数、时间、姓名、特殊要求的填写等。

酒水：取酒水时要注意是否为客人所需要的饮品，酒水取回后要先向客人示酒，示酒时要在客人的右侧，语言为："这是您点的酒水，您要开启吗？"斟酒时的标准动作为倒、提、转、收。倒酒的顺序为先主宾，后主人，先女士，后先生，或先为主要的宾客斟酒。斟倒啤酒时要注意速度不要太快，要沿着杯壁倒，标准为八分酒两分沫。倒红酒时要先让客人试酒，先倒 1/5 或 1/4，再加至标准的 1/3 或 1/2。白酒要倒满，表示全心全意。注意出包房时要倒退而出。

上菜：如果客人没有特殊的要求，应按规范的上菜程序，通常是冷菜—热菜—主菜—点心—汤—果盘。当冷菜已经吃了 2/3 时，开始上第一道热菜，或按客人的要求上菜。宴会上桌数再多，各桌也要同时上菜。热菜应从主宾对面席位的左侧上，每上一道菜都应将菜转到主宾位，然后报菜名，并示意客人慢用等。上菜时要先找好上菜口，之后的每道菜都要在固定的地方上，切忌东上一道、西上一道。上菜时不要端在客人的头顶或脸边，以免和客人发生碰撞。不可在小孩或老人旁边上菜，避免油渍、汤渍洒在客人衣物上，最好提醒客人："您好，打扰一下，上个菜。"上菜时要站在上菜口双手捧菜放于转盘上。转于主人、主宾之间。手掌不要接触转台的台面或台底。如果上汤、面、饭类，询问客人是否需要分食。

上菜时菜品的摆放要按照"一点""二线""三品""四十字""五梅花"的形状来摆放，注意给下道菜留出位置，空位不够时可以询问客人盘内菜品较少的菜是否可以换小盘或拼盘。撤空盘时要站在上菜口位置，征询客人意见，顺时针将菜盘转至上菜口将空盘撤下。餐中服务应勤换骨碟、烟缸，勤加酒水、茶水，勤清理台面的残物、残渣，做到不停地为客人服务，让其满意。

结账：当一桌客人用餐基本结束时，执台员要主动询问客人是否还要添加酒水、菜品等。当客人表示不再需要添加时应立刻与自己的账单核对，然后再与收银员进行核对，注意客人有无需要退掉的酒水，然后确认账单。客人提出结账之后执台员应立即将账单送到，并告之顾客消费金额。客人离桌前应主动检查菜品，询问客人是否需要打包。

收台工作：当客人起身离桌时，要提醒客人带好随身携带物品，帮客人共同检查，将客人送至门口，同迎宾员共同送客人出门，语言为："请慢走，欢迎再次光临。"并告之迎宾员某台已走，大概多少时间可以接台。回屋后开始收台工作，玻璃器皿、大小件要分开，撤餐具顺序为从小到大，先厚后薄，玻璃大盘等易碎怕碰物品分筐收取。回收没有用过的纸巾。清理台面后，要检查桌布是否破损，核对数量，并做登记，将脏桌布折好后送至库房。回归餐前准备，物品统一摆放。之后与领班交接。

3. 送客要求

迎宾员送客，面带微笑向客人行鞠躬礼。感谢客人的光临，祝客人愉快，并和客人道别："先生（女士），谢谢光临，祝您愉快，再见。"

二、观光园接待礼仪

（一）观光园概述

观光园是现代农业发展的一种新思路，属于农业生产的一种体制创新。它既是现代园林发展应用的一种特殊形式，也是观光农业的一种形式。它的显著特点是以金融资本为基础，以科技为先导，以市场为导向，以高效为目的，重点突出参与性、观赏性和娱乐性，充分体现农游合一性。

（二）观光园服务人员需要具备的素养

观光园服务人员的基本素质指服务人员所应具备的良好个人品质，这是服务人员参与接待工作的必要条件，优秀的服务人员应具备的基本素质包括以下 8 个方面。

1. 热情友好、爱岗敬业

服务人员应该性格开朗、待人热情、活泼睿智、富于幽默感。在接待过程中要热情地关心每位游客，提供富有人情味的服务，使游客产生一种宾至如归的感觉。应该具有强烈的敬业精神，热爱本职工作，真诚热情地为游客服务，精力充沛地投入接待工作中。应该积极发挥自己的聪明才智和主观能动性，不怕吃苦，任劳任怨，出色地完成接待任务，让游客高兴而来、满意而归。

2. 态度乐观，不惧困难

在接待过程中，经常会遇到各种意料不到的困难，如交通车辆困难、团内有人对服务不满意、意外事故等，在困难面前，服务人员应该表示出乐观的态度，让游客觉得困难并不像想象中那么严重，增加其克服困难的勇气。因此，服务人员必须是一个乐观主义者，在任何困难面前都不应丧失信心。

3. 意志坚定，处事果断

坚定的意志和处事果断的工作作风是完成接待工作的重要因素。无论全程陪同还是部分陪同，服务人员都必须在游客面前表现出充分的自信心和抗干扰能力。当遇到比较棘手的问题时，服务人员应该保持冷静，头脑清醒，善于透过纷乱复杂的表面现象，迅速找到问题的实质，果断地采取适当措施，尽快将问题解决好。

4. 待人诚恳，讲究信誉

不欺骗游客，不损害游客的利益，不讲与有关服务的单位或游客的坏话。

5. 文明礼貌，举止端庄

整洁的衣着、端庄的仪表和潇洒大方的言谈举止会给服务人员增添几分气度，而衣着不整、形象邋遢、口出秽言的服务人员则使人感到不可信任。因此，服务人员的衣着必须整洁、得体，仪表要端庄、大方，表情要自然、诚恳、稳重，保持精神饱满、朝气蓬勃的状态。在接待过程中，要讲求礼貌服务，使用礼貌语言，面部应经常带着微笑，使游客感到舒心、满意。

6. 顾全大局，团结协作

服务人员在接待进程中，不可避免地要同许多部门、企业、单位和个人进行合作，在合作的过程中，有时会因为各种原因同这些部门、单位、企业或个人发生误会或冲突，当这种情况发生时，服务人员应以大局为重，在一些非原则问题上让步，尽量向对方解释，设法求得谅解，以消除误会，加强合作。另外，服务人员在接待过程中要经常注意游客的情绪，发现不和谐的苗头时，应及时加以解释，使整个被接待团体在团结和睦的气氛中顺利度过整个观光过程，留下对活动的美好印象。

7. 身体健康，性格开朗

服务人员应该具有健康的身体和心理，精力旺盛，充满朝气，接待工作既是一项十分繁重的脑力劳动，也是非常艰巨的体力劳动，服务人员每天不仅要提供大量的导游讲解服务，还要从生活的各个方面照顾来自不同地区、具有不同生活习惯的游客，会消耗大量的精力和体力。

8. 勤奋好学，不断进取

应该具有强烈的进取精神，勤奋好学，熟悉业务工作。要不断用各种知识充实自己的头脑。不仅要学习书本知识，还要通过实践进行学习和锻炼，将书本知识同实践经验结合起来，提高自己的知识水平和业务能力。另外，要经常总结经验，注意游客对接待工作的反应和要求，及时改进，总结出具有独创性的经验和理论，用以指导今后的工作。

在服务中要做到：用心服务；主动服务；变通服务；爱心服务。

（三）观光园导游服务要领

1. 微笑服务

见到游客来，眼睛一定要放亮，放下手中不重要的活，面带微笑，使游客感觉亲切且受到欢迎。

2. 言语可亲

坐在座位上的服务人员要立刻起身迎接，表示尊重客人，亲切地说"欢迎光临"。

3. 正确引领

引导游客时尽量走在游客的左或右前方，走路步伐不可过快或过慢，尽量配合游客的步伐。这里要注意，服务人员不能背对游客引导，要保持侧身状态。

4. 口齿清晰

说话口齿清晰、音量适中，最好使用普通话，如果游客讲方言，可以配合游客，增进相互沟通的效果。

5. 顺序引领

要有先来后到的次序观念，有序合理地照顾到后来的游客。

6. 避免忙乱

在游乐项目十分忙碌、人手不够的情况下，让游客等待时间稍长时应诚恳地向游客道歉，请游客谅解。

7. 热情适中

亲切地招待游客参观园内项目，并让游客随意自由地选择，最好不要刻意左右游客的意向，应有礼貌地告诉游客"若有需要服务的地方，请叫我一声，我很愿意为您服务"。

8. 待客主动

对初次来观光园游乐的游客，应主动为游客介绍园内的特点特色。

9. 细心解答

游客有疑问时，应以专业、愉悦的态度为游客解答。不宜有不耐烦的表情或者一问三不知。细心的服务人员可适时观察游客的心态及需要，提供好的建议。

10. 语气谦恭

与游客对谈时宜用询问、商量的口气，不要用强迫的语气。

11. 送客礼貌

游客观光游玩结束，要以热诚的态度谢谢他的光临，并邀请他再次光临。

第八章　农村文体活动中的沟通与礼仪

第一节　庙会聚会中的沟通与礼仪

一、过庙会的礼俗

民间庙会，是一种特殊的社会形式，庙会最早的形式是隆重的祭祀活动，是人们敬祀神灵、愉悦身心的产物。随着社会的发展，特别是经济的发展，庙会和集市交易融为一体，成为人们敬祀神灵、交流感情和贸易往来的综合性社会活动。

（一）祭神仪式

庙会风俗与佛教寺院以及道教庙观的宗教活动有着密切的关系，往往需要举行祭神仪式，如"行像"活动。"行像"是把神佛塑像装上彩车，在城乡巡行的一种宗教仪式，所以又称"行城""巡城"等。北魏孝文帝太和九年（公元485年）迁都洛阳后，大兴佛事，每年释迦牟尼诞日都要举行佛像出行大会。佛像出行前一日，洛阳城各寺都将佛像送至景明寺。多时，佛像有千余尊。出行时的队伍中以避邪的狮子为前导，宝盖幡幢等随后，音乐百戏，诸般杂耍，热闹非凡。唐宋以后庙会的迎神、出巡大都是这一时期活动的沿袭和发展。元明以后，"行像"之风才衰落，很少见于记载。

（二）祈子活动

庙会一开，八方来拜，敬神上香，祈愿还家。这是围绕"庙"和所祭之神而展开的活动，是传统庙会的主题。其中带有巫术意味的祈子活动，最典型地反映了中国传统文化的核心，这是由中国农业社会的性质决定的。

几千年的封建社会，人们的生存环境基本上没有发生改变，子孙后代的繁衍成为千百年来的头等大事。所以，祈子这种远古的巫术形式，便会附着于各种集会形式展现出来。这方面比较典型的庙会有河南淮阳的人祖庙会、天津的妈祖（天后宫）庙会、山西平遥的双林寺庙会、北京的妙峰山和白云观走会等。

淮阳祭祀女娲和太昊伏羲的人祖庙会可以说是最具有原始宗教和巫术意味的庙会了。淮阳城北的人祖庙，是传说中埋藏太昊和伏羲头骨的地方，因此也称太昊陵。每年的农历二月二日至三月二日举办为期一个月的人祖庙会，其主要活动是祭拜人祖和"拴娃娃"。已婚未育的妇女，都要在庙会期间掏象征生育之门的"子孙窑"，并买回一些当地的泥玩具"泥泥狗"，以求早日得子。这些用黄土捏成的泥玩具，有造型各异的"人面猴"，当地人称为"人祖猴"，也有各种怪异有趣的动物玩具如兜肚猴、猴头燕、双头虎、牛、猪、马、羊等。妇女们除用它们供祭人祖外，还将它们拿回家给孩子们当玩具。

（三）庙会小吃

在各种庙会的小吃中，最值得一提的是历史悠久的北京小吃，它既有本地传统的汉族风味，又融合了满族和回族的民族风味，还有传自宫廷的御膳小食。如今的北京小吃，则汇集了南北各地的风味，创新之作层出不穷。在地坛庙会和龙潭湖庙会上，美食一条街汇聚了当今有代表性的全国各地小吃。

19世纪末，民间画工绘制的风俗图中，涉及的小吃有茶汤、豆腐脑、凉粉、糖瓜、糖饼、吊炉烧饼、豌豆糕、煎饼、烤白薯等。这些常见的街头食摊，庙会期间皆有售卖。

（四）庙会演出

庙会是与文化娱乐有关的节日活动，有各类民间艺人进行表演营生。其中主要有秦腔戏、扁担戏（即木偶戏）、相声、双簧、魔术（我国古称"幻术"，俗称"变戏法"）、数来宝、耍中幡、秧歌、高跷等。

二、聚会有讲究

在农村，公务集会的次数也越来越多，然而由于各方面的原因，公务集会的组织者和参与者都不是对这方面很在意，使得公务集会的成功率大为下降，在此，给农民朋友们介绍关于公务集会的一些礼仪知识，希望能对农民朋友能起到一定的参考的价值。

公务集会通常以会议的形式表现出来。会议指人们集合在一起，有议题、有组织、有步骤、有针对性地探讨一些问题。在现代社会里，它已成为人们参与社会活动的重要方式之一。

（一）主持人礼仪

主持人的工作主要包括落实议题、控制时间、掌握会场等三大方面。能否把这三条处理好，是衡量主持人是否合格的主要标准。

议程是会议议程的简称。它所指的是会议具体进行时所应遵循的既定的先后顺序。凡属较为正式的集会，其议程大都在事先进行过认真的讨论和拟定。

作为会议的现场指挥者和掌握者，主持人首先应熟悉议程。只有这样，才能在会议进行时熟练地驾驭会议，并且沉着妥善地应对一切难以想象的突发性问题。其次，由专人作主题报告。然后对报告进行分组讨论，或者进行大会分组发言。最后，进行总结，达成共识，或者通过相应的会议决议，宣布散会。会议的议程框架不会发生大的变动，但在具体环节上，却是可以随机调整的。要做好这一点，需要主持人具有丰富的经验和应变能力。

在一般情况下，会议的主持人作为会议的工作人员，是无权变更会议议程的，尤其是其中的主要议程。不论遇到了什么情况，主持者都必须想方设法地履行自己的职责，以确保会议按照既定方针办，兑现各项议程，完成预期的任务。执行会议议程，本是主持人的天职。未经会议主席团授权，主持人无权对会议的议程进行全面的调整，或是对其进行增减。倘若遇到了特殊的情况，比如发言人缺席、发言时间不够用、听众意见较大等，主持人认为确有必要对议程进行重要的临时调整时，最好及时征求会议主席团或主要负责人的意见，不到万不得已，不要自作主张。

对主持者而言，在控制会议时间方面要做的主要工作：一是把握起止时间；二是限制发言时间；三是留有休息时间。对于这三点稍有疏忽，都会使会议的进行受到不良的影响。

主持人在主持会议时，不宜随便拖延开会与散会时间。应该什么时候开会，就要在什么时候宣布开会；应该什么时候散会，就要在什么时候宣布散会。

不仅会议的起止时间要认真遵守，发言的具体时间也有明确的限制。从一定意义上讲，限制发言时间是防止会议拖延时间的良方之一。一般情况下，在拟定会议议程时，即应对每位发言人的发言时间有所限定，并一律通知其本人。主持人在主持会议时在这方面要做的工作：一是在发言人发言之前最好再次关照一下其限定的时间；二是可用技术性手段，例如用铃响提示时间。

倘若会议时间较长，应当在其间安排一定的休息时间。在进行会间休息前，主持人必须明确休息时间的具体长度，以便与会者能够准时返回会场。

当贵宾出席集会时，主持人应当在开会之前或对方演讲之前，对其进行适当的介绍。

在发言人发言前与结束时，主持人应领头鼓掌，以带动全场听众予以响应。

万一会场上出现局部骚动混乱时，主持人应以适当的方式及时加以阻止，而不能使矛盾激化。

在集会进行期间，主持人的主要任务是主持会议，而不是做主要的报告人或发言人，因此一定要注意恪守本分，不抢风头。在主持会议时，主持人要多看多听，认真观察会议的进行情况、现场的情绪与反应，以便防微杜渐，尽可能地不出问题、少出问题，并且及时地发现问题、解决问题。

主持人在集会举行时还必须采取必要的措施，以调节现场的气氛，令其保持良好状态。

（二）发言人礼仪

发言人一般为公务集会的主角，他们在会上作演讲、作报告，称得上是整个集会的中心人物。作为公众瞩目的焦点，发言人必须在外在形象、发言内容、现场礼貌等方面加以格外注意。

发言人的仪容修饰一定要认真、仔细，做到干净、卫生。头发务必要梳理整齐。男士通常应当剃去胡须；女士应当适当化妆。发言人发言时的着装必须整洁、端庄、大方。女性发言人在妆饰上切勿过分抢眼、招摇；选择首饰时，要注意少而精；进行化妆时，要讲究淡而雅，不要给人以轻浮、俗艳之感；绝不能自己随心所欲乱穿，尤其是不能穿过分怪异或不洁的服装登台发言。在发言时，发言人不要戴帽子、墨镜，不要披着外衣，袖口、裤管不要卷起来。

在集会上发言时，发言人要理解听众的思想状况、心理需要，做到观点明确、中心突出、态度清楚、主张合理。也可以适当举例，增强自己发言的说服力。

在发言时，语言不要晦涩枯燥，尽量简单明了、通俗易懂、生动形象。发言人要争取以自己的真情实感去感染听众、征服听众。

在发言时，发言人要表现得谦虚自信，切忌自吹自擂。发言人在发言的整个过程中，都要表现出对听众的尊敬。在上台发言之初，要向主持人与其他听众欠身致意，并进行问候。在发言之时，不能使用任何对听众不满的语言、动作或表情。发言结束要感谢听众，欠身施礼后才退场。

发言时必须有明确的时间观念，严格遵守规定的发言时间，宁短勿长，绝不拖延时间。

（三）参加者礼仪

会议参加者在集会时一般要符合如下礼节：一是遵守会议纪律；二是听取相关发言。

会议参加者必须准时到会。严守会议时间，是保证会议顺利进行的基本条件之一。要确保这一条得到贯彻落实，不但要靠会议主持人、组织者的积极努力和得力的措施，同时也要靠全体与会人员的自觉和认真。

接到集会通知后，参加者应当按照通知上规定的具体时间，准时出席会议。参加在本地举行的集会，应提前5分钟以上进入会场，以便有一定的时间进行签到、寻位、领取材料等工作。参加任何会议，都不应当迟到或者缺席不到。参加会议必须自始至终，不能"半途而废"、不辞而别。在他人讲话期间当众退场，不仅自己失礼，而且也是对对方不尊重的表现。如果确实有急事，应当向主持人说明原因并请假。

在集会进行期间，全体与会者都应当自觉维护会场秩序，使会场保持安静，不影响发言人的讲话与听众的倾听。

在发言人或主持人讲话时，不允许有意起哄，不应当在会场上使用手机，不应当收听录放机和收音机，不准吃东西、制造噪声等。与讲话者意见相左时，不应当在对方发言时予以打断，或是大声斥责、议论，更不能鼓倒掌、吹口哨、拍打桌椅等，应当寻找适当的渠道进行表达。

当别人发言结束时，应当礼貌地鼓掌。在开会之时，不应当随意走动，或者与周围的人交头接耳。在一般情况下，不要带孩子来到会议现场。

在会议进行期间认真倾听他人的发言，是与会者对对方尊重的具体表现，同时也是自己掌握会议精神的主要途径。

参加会议之前要有充分的休息，否则开会时容易困乏、打瞌睡。开会时要聚精会神、全神贯注，注意专心聆听别人的讲话，抓住其要点，发现其问题。要预备好必要的辅助工具，如纸、笔、录音机等，以便于记录。认真阅读会议下发的材料，以便全面了解会议情况，掌握会议主旨。

三、农村聚会新形式

（一）团拜

在"建设新农村"的号召下，现在农村也时常出现一种聚会——团拜。

在我国，作为新年开始的元旦或春节是最隆重的节日，含有"一元复始"的意义。在这一天，大家为庆祝元旦或春节而聚会在一起，互相祝贺，致以问候，这就是团拜。

团拜的几种类型及应注意的礼仪规范：

1. 集会式

这种团拜的会场，既要布置得有节日喜庆气氛，又要简朴、大方。在会场主席台周围摆设一些鲜花，主席台后面的帷幕上要有"庆祝元旦"或"欢度春节"的横幅，团拜正式开始后，应由身份、职位较高的人向全体与会者致新年贺词。贺词要热情、真诚，体现出关心、爱护和期望之情。发言过后，团拜会即可在热烈的掌声与欢快的乐曲声中结束，整个团拜时间不宜超过一小时。

2. 茶话会式

茶话会以圆桌会议的形式进行，不设主席台，但应突出主桌。桌上除茶水外，可略备些水果、糖果和瓜子之类。会上由职位、身份较高的人先向大家简要地祝贺新年，然后即开始座谈，内容以相互勉励、提出希望为主，气氛要轻松愉快，达到沟通思想、交流感情的目的。这种团拜形式可以在节前或节日期间举行。

3. 晚会式

一般在节日的前夕举行这种团拜活动，会场上悬挂庆祝节日标语。依然先由职位、身份较高的人发表简短的新年贺词，然后举行文艺晚会，可由专业或业余的文艺团体演出精彩的节目。这种团拜形式适用于各级地方政府向当地各界人士及人民群众祝贺新年。

无论参加什么样的团拜，都应着装整洁，谈吐得体，举止文雅。互致问候时，要精神饱满，态度热情真诚。

（二）香会

农村的聚会还有个突出的形式，就是香会。

旧时，每逢某神庙会日，信神的人，进庙烧香。大的香会有监军镇农历七月初七"圣母"神会、仪井乡农历九月初九"白姑娘"神会、旧县城农历四月初八阎王神会、后沟农历七月十二佛神会、白坊村农历六月十九佛神会、古屯农历三月十二钟神会等。每逢会日，四方村民集会烧香，有的通宵诵经念佛。

中华人民共和国成立后，各种香会已革除，农村尚有少数老年妇女聚伙封神，叩头烧香。

第二节　演出比赛中的沟通与礼仪

一、观看演出的礼仪

随着新农村的建设，现在时常可以看见"农村剧场""农村剧台"等一些能够供农村朋友观看演出的建筑。那么，在观看演出的时候，都该注意什么呢？

无论是看电影，还是看演出，都最好能提前几分钟到达，这样可以从容地找到座位。在电影开演或演出开始后入场势必影响其他人，尤其是座位在中间时，边上的观众为给你让路都要受到干扰。如果你在开演以后进场，在场内后段等一下到你眼睛能适应黑暗时再找座位，或者让服务员带你尽快到你的座位上去。

当你进入或离开座位而打扰别人的时候，应该礼貌地说"对不起，借过"，如果别人必须起身让你通过，你便要说"谢谢你"或"对不起"。万一你第二次必须通过某一个人，你便要说"对不起，又打扰你了"。他们让你过去时，你更要说"谢谢你们"。在通过陌生人面前的时候，男士和女士都应该紧贴着前排座位的靠背走过去，注意不要让手提包等东西从前面观众的头上拖过去。

当你坐着的时候，也要让出足够的地方让别人通过。如果只把膝盖偏到一边就可以，当然最好，尤其是戏开演了以后更是如此。但是如果地方太小以至于别人要从你膝上挨过去时，你当然只好站起来再坐下，不过动作要快，因为站起来就会挡住你身后人的视线。

以下还有三点是需要强调的。

（1）着装适宜。衣着整洁，不宜穿背心、拖鞋等。如遇有特殊要求的，应自觉遵守。

（2）保持安静。观看演出时，不大声说话或交头接耳；不随便走动；将手机关闭或调成静音状态；不吃带皮带壳和其他会发出声响的食物。

（3）有序退场。一般不应中途退场。演出全部结束后，起立鼓掌；若演员出场谢幕，应再次鼓掌；谢幕结束后顺序退场。如遇嘉宾上台接见演员，应在接见仪式结束后再退场。

二、文明观看体育比赛

以前在农村，关于比赛尤其是体育比赛，人们往往避而不谈。而就现在来说，随着经济和科技的发展，农村朋友也可以到体育馆观看比赛，去享受比赛的精彩，去评论赛事的好坏。但是，关于体育比赛的一些礼仪，我们农村朋友还是要多少懂得一些，这样才可以更舒适畅快地观看比赛。

（一）比赛礼仪

任何比赛，观众都是赛场的重要组成部分，没有观众比赛就失去了意义。观众看比赛有两个层面的活动：一个是欣赏，欣赏运动员优美的技术动作，欣赏运动员之间浑然天成的战术配合；另一个就是参与，观众在看台上摇旗呐喊，助威加油，场上场下融为一体。观众通过参与，宣泄情绪得到满足。

观看体育比赛时，要注意自己的言行举止。你的言行举止不仅是个人涵养的问题，也关系到社会风气问题。精彩的体育比赛振奋人心，欢呼和呐喊是很自然的事情。可以为你所喜欢的一方叫好，但不应该辱骂另一方。如果是精彩的场面，不管是主队的还是客队的，都应该鼓掌加油，表现出公道和友好。

在比赛中起哄、乱叫、向场内扔东西、鼓倒掌、喝倒彩的行为，是违背体育精神的，更是没有教养的表现。在比赛的紧要关头，尽量不要因一时激动而从座位上跳起来，挡住后面的观众。要知道，越是关键的时刻，大家的心情越是一样的。

体育场内一般不许吸烟。实在忍不住，可以到休息厅或允许吸烟的地方去吸烟。如果喜欢吃零食的话，记得不要把果皮纸屑随地乱扔。能产生较大噪声的零食最好别吃，因为大的噪声会影响身边其他观众的情绪。

看比赛的时候，不要带年龄太小的孩子去。小孩往往只有三分钟热度，很快就会对比赛没兴趣，继而来回跑甚至哭闹。这样的话，很影响你周围的观众。

观看体育比赛时的穿着，可以随气候、场所和个人爱好而定。但也要注意公共场所礼节。即便再热，不能只穿一件小背心，更不能光着膀子观看比赛，这样不太雅观。

在比赛中如果觉得裁判有问题，要按照程序向有关人员提出。谩骂、起哄，甚至围攻裁判都是不应该的。

赛场上，观众与运动员的互动是十分重要的，良性互动能够激发运动员的竞技精神，更好地投入比赛。然而，这种互动对于不同的运动项目是有所不同的。一种是有节制的互动，比如网球、高尔夫球、马术等项目，需要相对安静的比赛环境，观众就应该比较绅士，根据比赛规则恰到好处地给予掌声。还有一种是比较热烈的互动，比如足球、手球、篮球等项目啦啦队可以尽情地"折腾"，无论是喊声震天，还是全场制造人浪，都不为过。

当然即便是同一种比赛，不同的阶段，运动员需要的环境也不同，观众需要审时度势。比如足球比赛中一方罚点球，这是扣人心弦的时候，球迷必然会屏住呼吸，瞪大眼睛，安静地等待精彩瞬间；当网球运动员发了一个漂亮的 ACE 球（网球中，ACE 球就是对局双方中一方发球，球落在有效区内，但对方却没有触及球而使之直接得分的发球。如果对方触到球，而出界或下网，则只称作发球得分，而不是 ACE 球），观众如果冷冷地没有任何反应，也是令人尴尬的。所以说，不能强加于球迷身上各种条条框框。

观看比赛和观看演出的礼仪不同，不能要求观众衣冠楚楚、安安静静地坐在座位上，这种要求是不现实的，不同国家不同地区的球迷在赛场上的表现也是大相径庭的。而且，比赛是有很强对抗性的，球迷也是有鲜明的倾向性和个性的，当自己支持的球队失利时，有时会在赛场上为对方制造干扰，这都是可以理解的，不必指责。观众为双方加油，有时仅仅是理论上的要求。

观看体育比赛，应该准时入场，以免入座时打扰别人。入场后，应该对号入座。不要因为自己的座位不好，而占了别人的座位。

如果赛后你还有其他事情，想快点退场，你就应该在终场前几分钟悄悄走，不要等散场时，在人群中乱穿乱挤。

散场的时候，要跟着人流一步步地走向门口。挤、推的话，可能谁也出不去，甚至还会出现危险。万一被拥挤的观众围困，要记住向最近便道出口缓行，或顺着人流前进，切勿乱钻。

有特殊礼仪要求的比赛礼仪：

1. 田径赛的礼仪

田赛的礼仪：当运动员开始跳跃、投掷项目的助跑时，可根据运动员的助跑节奏击掌；在高度项目比赛中，即使运动员水平再高，最终都要以自己不能逾越的高度告终，所以当运动员最终未能越过更高高度结束比赛时，也应向运动员报以热烈掌声。

径赛的礼仪：在中短跑项目比赛中，当裁判员发出各就各位的口令时，观众应立刻保持安静，不再鼓掌呐喊；在长距离项目比赛中，一些实力不济的运动员有可能被前面的选手远远地抛在后面，甚至被套圈，观众也应该把热烈的掌声送给他们；观看马拉松和竞走比赛时，要服从现场工作人员的指挥，自觉在安全线外观看比赛。运动员跑过身边时，严禁横穿比赛路线，严禁擅自给运动员递送物品，严禁翻越护栏等道路安全设施。比赛结束时，获胜运动员为答谢观众一般会绕场一周，此时应鼓掌欢呼，对其精彩表现表示欣赏和鼓励。

2. 网球比赛的礼仪

网球赛场要求安静的观众秩序。进入网球赛场后，首先要关闭手机或者将铃声调成震动，比赛过程中不大声喧哗，照相机不要使用闪光灯。

即使选手的比赛打得再精彩，观众也不能在任何时间随意鼓掌喝彩，一定要等一个球成为死球之后再鼓掌或者喝彩，鼓掌的时间也要适可而止，因为选手在准备发球的时候现场要保持安静，如果现场迟迟不能安静下来，选手就不会发球或者向裁判提出抗议。

在网球的比赛过程中，观众是不可以任意走动的，去洗手间或者买水等，最好在选手进行 90 秒休息的时候走动，在一个球成为死球的时候再回到座位上。

如果选手把球打到观众席上，观众应该将球退回去。否则，如果没到换球时间的话，比赛会因此而中断，直到观众退回球或是等到换球时间。

网球比赛的比赛用球在一场比赛中换球的次数是有规定的，一般为单数局换球，不同的比赛换球局有细微的差别。在高水平比赛中，每个球的弹性以及和地面摩擦后掉毛的情况都是不同的，重量和弹起高度在高手眼中也是有差别的，所以比赛中选手会严格按照比赛的规定换球，中途一般不愿意换球。

3. 高尔夫球赛的礼仪

高尔夫运动被称为贵族运动，不仅参赛的选手要穿专业的服装，在现场观看的观众也有一定的服装限制。在国外的高水平高尔夫比赛中有一个不成文的规定，就是进入高尔夫球场不让穿牛仔裤。另外，为了保护草坪，严禁观众穿着高跟鞋进入球场。

观看高尔夫比赛时不能进入选手比赛的球道，一般的比赛组织方会将观众区与比赛区分开，如果没有区分的明显标志，观众也不要走到球道上。有些对高尔夫运动一知半解的观众在进场地观看比赛的时候，经常会做一些影响选手比赛的行为。比如在选手推杆的时候发出声响或者鼓掌。高尔夫是一项相对比较"静"的运动，在选手准备推杆和推杆的过程中要绝对保持安静。所以，观众除要把手机关掉或者将铃声调成震动外，也不能随意鼓掌和喝彩。为了保持安静，比赛要求观众的相机除不能使用闪光灯外，快门也不能有声音。

任何情况下都严禁触摸、移动球员的高尔夫球。

4. 乒乓球、羽毛球比赛的礼仪

运动员在比赛，特别是发球的时候，观众不能使用闪光灯给运动员拍照，不论是发球方还是接球方都会受到很大影响，尤其是对接球员。运动员在准备发球的时候，整个赛场应该保持安静，观众的助威呐喊和鼓掌应该在一个球成为死球之后才可以。运动员比赛时，观众不要随意走动，最好在比赛暂停休息的时候再走动。

观看羽毛球比赛同乒乓球比赛几乎一样，唯一不同的是由于羽毛球比赛场地相对比较大，对于观众走动的要求可以稍微放宽，但也不能过于频繁。

（二）比赛讲规矩

随着时代的发展，在农村也开始时常举行一些比赛项目了，比如运动会、篮球比赛、拔河比赛等。那么既然是比赛，就要有比赛的规矩和礼仪。我们通过介绍运动会和篮球比赛这个项目的规则礼仪，希望农民朋友能够得到一些启示。

1. 农村运动会应注意的礼仪

农村运动会是在农村举行的重要的活动之一。在运动会上无论观众还是运动员都要遵守纪律，注意礼仪。

开幕式：大会主持人宣布开幕；运动员入场；奏国歌、领导致词；运动员裁判员发言；运动员退场；团体操表演。

进行比赛：按秩序册比赛内容顺序进行。

闭幕式：主持人宣布开始；运动员入场；领导讲话；宣布比赛成绩；颁奖；主持人宣布闭幕。

（1）开幕式象征着运动会的开始，是激发鼓舞运动员的热情和斗志的，是宣传吸引观众的，因此要按时进退场，不随意中途离席。无论观众、运动员都要听从大会指挥，严肃认真，使开幕式气氛隆重热烈。

（2）当观众不要过分大声喧嚷，或施以嘘声讪笑、粗言辱骂之失礼行为，要适时、适度鼓掌，不起哄，不喝倒彩，不吃零食，要当文明观众。勿随意投掷空罐、纸屑、果皮、垃圾至比赛场地，影响比赛。也不要在观众台看书报，对比赛漠不关心。

（3）运动员要保持良好竞技精神状态，不要过分计较得失，要尊重裁判判决，不与裁判直接发生争吵，正确对待输赢，观众要鼓舞选手志气，不偏袒己方，敌视对手，应以公平竞技的态度观赏。

2. 篮球比赛的规则礼仪

参加篮球的比赛，一定要知道篮球比赛的规则礼仪，要不然篮球比赛无法进行下去。

国际篮联规定，标准篮球场地为长 28 米、宽 15 米的长方形平地。球场长边的界线叫边线，短边的界线叫端线。连接两条边线中点的平行于端线的横线叫中线。以中线的中点为圆心，以 1.8 米为半径所画成的圆叫中圈。罚球线是一条与端线平行的直线，其中点必须与端线与中线的中点在一条直线上。罚球线以及罚球线两端连接端线的两条斜线所构成的区域为三秒区。除场地外，篮球比赛还应具备篮板、篮球和球篮，其中球篮包括篮圈和篮网。一场正规篮球比赛需要两支球队各派 5 名球员上场比赛，候补球员最多 7 名。比赛分四节，每节各 10 分钟，第一、三节结束休息 2 分钟，第二节结束即中场休息 10 分钟。比赛结束两队得分相同时，则需延长赛 5 分钟，若 5 分钟后比数仍相同，则再次进行 5 分钟延长赛，直至决出胜负为止。

比赛开始由两队各推出 1 名球员至中央跳球区，由主审裁判抛球双方跳球，开始比赛。比赛中皮球投进球篮经裁判认可后算得分。3 分线内侧投入可得 2 分；三分线外侧投入可得 3 分，罚球投进得 1 分。

比赛过程中，双方均可更换球员，替补队员进场前要向主裁判及记录台示意，直到裁判员招手示意后方可进场。

任何一项竞技体育项目都离不开技战术配合，在双方实力不分伯仲的情况下，技战术的合理运用便成为左右胜负的关键所在。

第九章　农村商务活动中的沟通与礼仪

随着农村经济的发展，现在农村开厂矿、公司、店面的越来越多。但是，就现在而言，农村的商务礼仪各方面还未做到普及，甚至有很多商务礼仪的基本知识都不是太了解。本章就从公司的开业、会谈、谈判和催款等这几方面为农村朋友做一些介绍，希望能作为参考。

第一节　开业礼仪

首先我们从开业庆典活动的礼仪讲起。开业庆典活动是公司或商店开张之际，为扩大影响提高单位知名度而举办的活动。这种庆典活动都要借助新闻媒体，如电视、报纸、电台，甚至有的还散发宣传性的广告单，向社会公布开业时间、地点及优惠办法等，造成一种较浓厚的喜庆氛围。在庆典活动中，还要举行较隆重的剪彩仪式。举办剪彩仪式，要经过以下几个环节。

一、准备工作

（1）做好庆典活动的宣传工作。根据单位的大小和财力，采用不同的方式，可以张贴和散发开业公告，以简洁的文体，告知开业的时间、地点、经营范围和服务宗旨。开业公告的内容要实在，措辞要得体，不要哗众取宠，华而不实，否则，会影响商店的信誉。若是一个大的商场和公司举办开业庆典活动，大都在开业前的几天，连续在报纸上以整版或半版的篇幅，刊登广告，借以扩大影响。

（2）做好庆典活动的安排工作。在举行庆典活动的现场和商店的门口以及交通要道，可以安排佩戴绶带的礼仪小姐。庆典活动应有喜庆感，场面要热烈。一般应悬挂××商场（公司）开业庆典的会标，会场两边可布置来宾赠送的花篮、盆花，四周悬挂彩带、宫灯。现场的上空还应悬挂带有巨幅广告的气球，还可以请乐队来演奏欢快喜庆的乐曲。还应在现场安放好来宾和首长的座席，请好摄影师和摄像师等。

二、举行开业剪彩仪式

在开业庆典活动中，剪彩仪式是必不可少的一项重要内容。剪彩仪式要进行得既隆重又热烈，这就需要在事前组织一支精干的工作队伍，既有明确的分工，又有密切的合作。整个准备工作要严密而且过细。

剪彩者一般由客人担当，或是请上级领导，或是请主管部门的负责人，或是请某一方面的知名人士担任。

剪彩者要注意仪表，因为它直接地关系到剪彩者的形象和庆典活动的效果，因此，剪彩者的穿着打扮要注意整齐、干净和利落，以给人一种精干和文明的好印象。

剪彩活动的形式和步骤如下。

（1）请来宾入座。如果不是对号入座的话，可提醒来宾坐到预定的位置上，仪式即将开始。对就座于主席台的人，最好能在座位前放置姓名牌，到时由礼仪小姐引领入座。

（2）宣布剪彩仪式开始。主持人在宣布剪彩仪式开始后，应鼓掌向与会者表示谢意。若有必要，还应向到会者介绍一下参加剪彩仪式的领导、负责人和知名人士，并同时向他们表示谢意。

（3）安排简短的发言。发言人一般以安排展览会、展销会、公司和商店的负责人担任为好。发言的内容是介绍此次展览会、展销会、公司或商场的经营宗旨，或者是新设施建成的意义，并对有关过程进行汇报。同时，也可安排其他有关部门的人员作祝贺性的发言。

（4）进行剪彩。剪彩时，主席台上的人员一般要站在剪彩者身后1~2米处。待剪彩完毕时，转身向四周群众鼓掌致意。在剪彩时，剪彩者应注意保持一种稳重的姿态，忙而不乱。当走向剪彩的绸带时，步履要稳健，面带微笑，在这种场合要全神贯注，此时若左顾右盼或去和别人打招呼，就是失礼的表现，在剪彩之前，神态应有一种庄重感。当工作人员用托盘呈上剪彩用的剪刀时，可用微笑来表示谢意。

在剪彩之前，也应用微笑向手拉绸带左右两边的工作人员表示谢意。然后，聚精会神地把彩带一刀剪断。剪彩完毕，应转身向四周的人们鼓掌致意，并与主人进行礼节性的谈话，握手表示祝贺。但时间不宜过长，无休止的高谈阔论或旁若无人的纵情谈笑，在这种场合同样是不合礼仪的。

三、开业致辞

（一）科技与人才资源开发中心开业致辞

【范例】

各位来宾、同志们、朋友们：

在各级领导的亲切关怀和广大同志的共同努力下，今天，我市第一家科技与人才资源开发中心正式成立并隆重开业了！首先，我代表市委、市政府对前来参加人才培训的同志表示热烈的欢迎和衷心的祝贺！

时代需要高科技，高科技需要人才。当前，高新技术产业的发展已成为世界经济发展、社会进步的重要因素。人才和科技是推动社会进步的两大杠杆，这已成为定论。纵观技术革命发展，当代最新高科技已涉足很多领域，如企业综合自动化技术、光电子技术、信息技术的发展与中国的信息化建设、计算机技术、计算机辅助设计技术、新型材料特种加工工艺技术、医药生物工程、植物基因工程与第二次农业革命等。未来的世界经济、技术革命已向我们展露出新的曙光。

为了加快我市的技术创新和经济建设，市委、市政府经过多次酝酿和讨论，决定：首先建立一个"科技与人才资源开发中心"。并把这作为新的一年的首要任务来完成。

"科技与人才资源开发中心"的职能是：按时、按期举办专业技术人员继续教育，高新科技知识讲座，计算机培训等内容培训学习班，为各企事业单位和社会各界培养和输送人才，并提供各类科技信息。我们期待着更多的科技人才脱颖而出，为发展和繁荣我市的经济革命、技术革命做出更大的贡献！

最后，再一次祝贺"科技与人才资源开发中心"隆重开业，并预祝它取得成功！

（二）培训学员致辞

【范例】

尊敬的各位领导、同志们：

今天是我们下岗职工值得庆贺的日子，也是自下岗以来我们第一次露出笑脸的一天。因为众所周知的原因，我们不得不离开了心爱的岗位，以后的路该怎么走？我们彷徨过，失望过，有的曾一度对生活失去了信心。没想到，党和政府为解决下岗人员的就业问题，还专门办起了"下岗职工培训班"，让我们在这根据各自的情况学一门技能，重新体现自己的价值，开拓自己的生活。因此我们一定不辜负领导和同志们的期望，自觉地投入职业技能开发大潮中，大胆地开拓和设计新的生活，用智慧的双手去启开陈腐就业观念的"枷锁"，勇敢地往前走，去寻找本应属于自己的光辉未来。

（三）城乡集贸市场开业致辞

【范例】

同志们，朋友们：

在各级领导的关怀支持下，经过各方朋友和同志们的努力，城乡集贸市场今天开业了，这是我市市民和郊区农民朋友们的一件大事，利国利民，大得人心。

城乡集贸市场既为城市、农村的各类农副产品和手工业制品提供了一个互相流通的场所，又为城市下岗职工摆摊经商创造了一个良好环境和条件；既解决因下岗造成的社会问题，又方便了群众，真是一举几得，恰逢时机。

城乡集贸市场共有一百个摊位，分农、副业产品，手工业制品，还有机械产品等几大类，是一个综合型的集贸市场，有专门的治安小组、卫生监督小组、计量所等机构，确保经营者和消费者的权益受到保护。

我们相信，有广大人民群众的拥护和支持，城乡集贸市场一定会办得红红火火，热气腾腾，充满旺盛的生命力！

最后，感谢诸位的光临和支持。

四、开业请柬

业主在店户开张之际，往往发出比较精美庄重的请柬，邀请亲朋好友和社会各界人士参加。请柬文字要求简洁。请柬应在开张前的若干天发出，以便使受邀者早做考虑和安排。如有必要，可注明"请示复为盼"一类文字，使受邀者在可能的情况下向主人回复是否接受邀请。

第二节　开会和谈判中的沟通与礼仪

所谓会议，亦称聚会，是指将人们组织起来，在一起研究、讨论有关问题的一种社会活动方式。会前准备阶段，要进行的组织准备工作如下。

一、拟定会议主题

会议的主题，即会议的指导思想。会议的形式、内容、任务、议程、期限、出席人员等，都只有在会议的主题确定下来之后，才可以据此一一加以确定。

二、拟发会议通知

它应包括以下六项：一是标题，它重点交代会议名称。二是主题与内容，这是对会议宗旨的介绍。三是会期，应明确会议的起止时间。四是报到的时间与地点，对交通路线，特别要交代清楚。五是会议的出席对象，如对象可选派，则应规定具体条件。六是会议要求，它指的是与会者材料的准备与生活用品的准备，以及差旅费报销和其他费用问题。

三、起草会议文件

会议所用的各项文件材料，均应于会前准备完成。其中的主要材料，还应做到与会者人手一份。需要认真准备的会议文件材料，最主要的当数开幕词、闭幕词和主题报告。要安排好与会者的招待工作。

对于交通、食宿、医疗、保卫等方面的具体工作，应精心、妥当地做好准备。要布置好会场。不应使其过大，显得空旷无人；也不可使之过小，弄得拥挤不堪。对必用的音响、照明、空调、投影、摄像设备，事先要认真调试。需用的文具、饮料，亦应预备齐全。要安排好座次。

四、排列主席台上的座次

我国目前的惯例：前排高于后排，中央高于两侧，左座高于右座。凡属重要会议，在主席台上每位就座者身前的桌子上，应先摆放好写有其本人姓名的桌签。排列听众席的座次，目前主要有两种方法。一是按指定区域统一就座。二是自由就座。在会议进行阶段，会议的组织准备者要做的主要工作，大体上可分为三项。进行例行服务工作。在会场之外，应安排专人迎送、引导、陪同与会人员。对与会的年老体弱者，还须进行重点照顾。此外，必要时还应为与会者安排一定的文体娱乐活动。在会场之内，则应当对与会者有求必应，闻过即改，尽可能地满足其一切正当要求。精心编写会议简报，举行会期较长的大中型会议，依例应编写会议简报。认真做好会议记录。凡重要会议，不论是全体大会，还是分组讨论，都要进行必要的会议记录。会议记录，是由专人负责记录会议内容的一种书面材料。会议名称、时间、地点、人员、主持者都记录在内。

在会议结束阶段，一般的组织准备工作主要有形成可供传达的会议文件；处理有关会议的文件材料；为与会者的返程提供方便。

一般而言，与会人员在出席会议时应当严格遵守的会议纪律，主要有以下四项内容：规范着装；严守时间；维护秩序；专心听讲。

五、谈判和签署合同

（一）谈判准备

商务谈判之前首先要确定谈判人员，与对方谈判代表的身份、职务要相当。谈判代表要有良好的综合素质，谈判前应整理好自己的仪容仪表，穿着要整洁正式、庄重。男士应刮净胡须，穿西服必须打领带。女士穿着不宜太性感，不宜穿细高跟鞋，应化淡妆。

布置好谈判会场，采用长方形或椭圆形桌，门右手座位或对面座位为尊，应让给客方。

谈判前应对谈判主题、内容、议程做好充分准备，制订好计划、目标及谈判策略。

（二）谈判之初

谈判之初，谈判双方接触的第一印象十分重要，言谈举止要尽可能创造出友好、轻松的良好谈判气氛。作自我介绍时要自然大方，不可露傲慢之意。被介绍到的人应起立一下微笑示意，可以礼貌地说道："幸会""请多关照"之类。询问对方要客气，如"请教尊姓大名"等。如有名片，要双手接递。介绍完毕，可选择双方共同感兴趣的话题进行交谈。稍作寒暄，以沟通感情，创造温和气氛。

谈判之初的姿态动作也对把握谈判气氛起着重大作用，应目光注视对方时，目光应停留于对方双眼至前额的三角区域正方，这样使对方感到被关注，觉得你诚恳严肃。手心冲上比冲下好，手势自然，不宜乱打手势，以免造成轻浮之感。切忌双臂在胸前交叉，那样显得十分傲慢无礼。

谈判之初的重要任务是摸清对方的底细，因此要认真听对方谈话，细心观察对方举止表情，并适当给予回应，这样既可了解对方意图，又可表现出尊重与礼貌。

（三）谈判之中

这是谈判的实质性阶段，主要是报价、查询、磋商、解决矛盾、处理冷场。

报价一定要明确无误，恪守信用，不欺蒙对方。在谈判中报价不得反复变换，对方一旦接受价格，即不再更改。

查询：事先要准备好有关问题，选择气氛和谐时提出，态度要开诚布公。切忌气氛比较冷淡或紧张时查询，言辞不可过激或追问不休，以免引起对方反感甚至恼怒。但对原则性问题应当力争不让。对方回答查问时不宜随意打断，答完时要向解答者表示谢意。

磋商：讨价还价事关双方利益，容易因情急而失礼，因此更要注意保持风度，应心平气和，求大同，容许存小异。发言措词应文明礼貌。

解决矛盾之时，就一定要就事论事，保持耐心、冷静，不可因发生矛盾就怒气冲冲，甚至进行人身攻击或侮辱对方。

如果出现了冷场的局面，那么此时主方要灵活处理，可以暂时转移话题，稍作松弛。如果确实已无话可说，则应当机立断，暂时中止谈判，稍作休息后再重新进行。主方要主动提出话题，不要让冷场持续过长。

（四）谈后签约

签约仪式上，双方参加谈判的全体人员都要出席，共同进入会场，相互致意握手，一起入座。双方都应设有助签人员，分立在各自一方代表签约人外侧，其余人排列站立在各自一方代表身后。

助签人员要协助签字人员打开文本，用手指明签字位置。双方代表各在己方的文本上签字，然后由助签人员互相交换，代表再在对方文本上签字。

签字完毕后，双方应同时起立，交换文本，并相互握手，祝贺合作成功。其他随行人员则应该以热烈的掌声表示喜悦和祝贺。

在商务交往中，"签约"标志着各方在互惠互利的基础上，对某个商务合作达成了一致见解，使各方在业务进展及相互关系上取得了实质性的成果。因此，签约仪式极受商界重视，签字礼仪也格外严格、规范，不允许出现一点差错。

1. 签字厅的布置

除专用签字厅外，也可以将会议厅、会客室按照签字厅的规范进行布置。签字厅的地面应该铺满地毯。正规的签字桌应该为长桌，上面铺有深绿色的台布。签字桌应面向房门，横放于室内。

如果是双边合作，桌子后面应摆放两把椅子；如果签署的是多边合同，可以为每位签字人摆一把椅子，也可以只摆放一把椅子，供签字人轮流就座。签署双边合同时，随行人员如果较多，可以在每位签字人的对面摆放椅子，供随行人员就座。签字厅内除上述必要的签字用桌椅外，一般不摆放其他的陈设。签字桌上应事先放好待签的合同文本、签字笔、墨水、吸水纸等文具。

2. 合同文本

签约仪式的主方应提供待签合同文本，稳妥起见，还可向各方提供一份副本。在准备时可以会同各方指定人员一起进行文本的校对、印刷和装订等准备工作。正式合同文本应该尽量精美，内页以高档的白纸印刷，规格一般为大八开，可以采用软木、真皮等作为文本封面。

在正式签署合同之前，各方应该对合同的任一条款以至细节都达到一致的认同。

3. 各方的签字人员

签字人视合同的性质由各方确定，一般由谈判代表出任签字人。

各方签字人的身份应大体相当。参加签字仪式的随行人员，一般由各方参加会谈的人员组成，人数也应大体相等。签字仪式是非常正规而严肃的，因此，各方签约人员也应该格外重视自己的服饰礼仪。签字人、助签人以及各方随行人员都应该穿着正式商务套装。签字仪式上的礼宾人员可以穿自己的工作制服，女士可以穿西服套裙或者旗袍类的礼仪性服装。

4. 签约时的座次

签署双边合同时，主方签字人应坐在签字桌的左侧，客方签字人坐在签字桌的右侧。双方各自的助签人应站在己方签字人的外侧，以便在签字过程中随时对签字人提供帮助。双方其他随行人员可以按顺序在自己一方签字人的对面就座，或按照职务高低列成一排站在签字人的身后。排列时主方自右向左、客方自左向右，如果一行位置有限，可以继续排列站在第二行、第三行。

签署多边合作协议时，签字桌后面仅设一把座椅的情况居多。各方签字人可以依照事先约定的顺序，依次前去签约。各方的助签人应遵照"以右为尊"的惯例，站立于签字人的左侧。其他各方的随行人员应按照一定的顺序，面对签字桌站立或就座。

5. 签字的过程

签字仪式按照预定的时间开始后，各方签字人员按顺序进入签字厅，按照座次礼仪在既定的位置上就座。签字时由助签人协助翻开文本，指明签字处。各方应首先在己方的文本上签字，再交由他方签署，交换的工作应由助签人来完成。在己方文本上签字时，应当使自己名列首位，这样在次序排列上可以使有关各方都有机会居于首位，以示各方平等。在礼仪上，这种做法被称为"轮换制"。如果签署的是多边合同，一般由主方代表先签字，然后依一定次序由各方代表签字。

签字完成后，助签人换回各自的文本，各方签字人相互握手，随行人员应起立鼓掌表示祝贺。有时签字人会交换各自刚刚使用的签字笔，作为纪念。此后，礼宾人员应端上香槟酒，大家共同举杯，相互祝愿，签字仪式在喜庆的氛围中圆满结束。

第三节　催收账款时的沟通与礼仪

怎样把别人欠的款要回来呢？假如他（她）一直拖欠怎么办？在催欠款和拖欠欠款时该如何做？应该注意哪些礼仪呢？

一、职业道德

催款人应具备遵纪守法、依法办事、忠于职守的职业道德。

（1）催款代理人必须在维护债权人利益的前提下行使债权人所授予的代理权。

（2）在催款过程中，在和债务人的具体纠缠活动中要尊重债务人的人格尊严、人身自由、人身安全，尊重债务人的正当的、合法的权益。

（3）要具有高度的责任感，要将债权人的利益放在首位。

（4）在催款过程中要积极、主动地努力工作，完成自己的催款任务。

二、催款人的心理素质

催款人应具备灵敏的感知、较强的记忆、严密的思维、稳定的情绪和坚强的意志等心理素质。

三、语言文字能力

催款人需要有很强的语言文字能力，这样当他在与债务人交涉的过程中，就能准确地理解债务人说话的意思，掌握其态度和意图；并能从债务人的陈述之中及时发现、掌握一些有用的信息，债务人偶有失言，也能被他抓住把柄；并能准确、完整地向债务人传达债权人的意见及其对债务人清偿债务的要求；并在书面交涉时可以做到把握精神实质，用词恰当，语句结构严谨，使债务文书一丝不苟，不给债务人可乘之机；并有很强的思辨能力和理解能力。因此催款人平时要注意提高自己的语言文字能力，经常训练多读、多听、多想、多写。学习有关逻辑学方面的知识和专业知识。

四、公关能力

催款人在催款时要注意的公关原则。
（1）要有礼貌、讲究礼节。
（2）控制情绪，学会忍耐。
（3）专心致志，侧耳倾听。

五、知识准备

催款人应当具备法律知识、经济知识、语言知识、逻辑知识、心理知识、公关知识等，知识越多越好。催款人只有不断提高自身的素质、能力，积累大量的知识，才能在各种场合对各种人物都能应付自如。

六、民事行为能力

民事行为能力指我国公民通过自己的行为行使其民事权利和履行其民事义务的能力或者资格，民事行为能力还包括公民对自己的违法行为应当承担民事责任能力。因此催款人必须具有民事行为能力。否则其行为不具法律效力，不为法律承认，不受法律保护。

债权人要从以下几点判断催款人是否有完全民事行为能力。
（1）年龄必须是 18 周岁以上。

（2）精神状态必须正常。

七、催款的技巧

催款人要善于捕捉时机，找准机会，在各种场合向债务人催讨债务。

（一）登门催款

登门催款是指债权人或者催款人走出去，到债务人所在地，和债务人直接进行面对面的交涉、协商，直接向债务人就债的清偿进行催讨。这是最普遍的催款场合，它的优点是：①欠债不还被债权人追上门来，人们通常都会同情支持债权人，公众舆论对债务人不利。②债权人可以了解债务人的生产经营的一些真实情况，可以了解到债务人欠债不还的真正原因。③催款人上门催款，便于寻求社会支持，寻找债务人所在地的政府机关、新闻媒介的支持，对债务人施加压力。

（二）请进来

债权人在自己的大本营向债务人实施催款行为。

当债务人不是有意拖欠债款，而是确有原因的时候，适用此场合。其关键是"请"的方式和时间，只要方式和时间用得好，债务人就会接受邀请，债权人也会顺利达到目的。时间最好在债务合同快到期时将债务人请来，以极其巧妙的方式暗示对方要遵守合同按时还债，或表示极大的兴趣与债务人再次合作，前提是将快到期的债务了结，有利可图，债务人一般也会乐于合作。另外债权人最好以参加联谊会、讨论会等形式友好地邀请，不要以高于债务人的姿态邀请。

（三）不期而遇

一些债务人为躲债而常年外出，使催款人找不到，这时在火车、飞机上等地点与债务人不期而遇，催款人一定要把握机会，不要被债务人的哄骗所蒙蔽，要保持头脑冷静，记住：债务人不答应还债，就一直纠缠下去，直到债务人书面答应还债为止。

因债务人躲债出去纯旅游的少，一般都是既躲债又开展业务，因此催款人可以经过调查，知道其去向后跟踪而至。缠住不放，势必对其业务活动造成影响，因此效果往往不错。

（四）各种聚会

催款人利用各种公开聚会、社交场合向债务人催款，对故意欠债不还的债务人是非常有效的。但催款人要注意做到有礼有节，争取人们的同情，以达到目的。

（五）喜庆场合

在合同即将到期时，债权人要注意债务人的一切重大活动，并抓住时机进行讨债，特别是当债务人遇到大喜事时，债权人出现在这种场合中贺喜，利用时机巧妙地提醒或催讨债务，债务人正值高兴时往往会有"慷慨之举"。切记债权人不要抱着捣乱的态度去，这样关系容易僵化，不利于催款。

（六）不幸场合

不幸场合指债务人企业或经济实体遭受自然灾害或人为灾害时。此时债权人应当根据实际采用不同的方法实现催款目的：①帮助债务人恢复生产，使其有能力还清债款。②实在不能起死回生的，债权人要采取断然措施，保障自己的利益。

总之，在任何场合催款都要掌握好时机，制造机会，把握时机实施催款行为。

第四节　商务网络中的沟通与礼仪

随着新农村的建设，农村的网络技术也越来越发达，虽不能达到家家有电脑，但是也是有很大一部分农家都安上了电脑，感受科技时代产物——互联网带来的便捷，有很多农村的公司、工厂通过网络这个平台进行商贸活动。而现在农村的商务网络礼仪宣传得还不是很到位，所以会有很多地方不合时宜，甚至是被骗。所以我们把商务网络礼仪相关的知识介绍给农民朋友。

商务网络礼仪，是指从事电子商务人员在网络活动中形成的礼节和仪式。在互联网上交往、交易所需要遵循的礼节，是电子商务人员在网上有合适表现的规则。

目的：只有当从事电子商务人员懂得并遵守这些规则时，电子商务的效率才能得到更充分、更有效地发挥。

礼节一：记住顾客首先是网民。互联网的网民来自五湖四海，人们共同聚集、驰骋在这个自由的"国家"，这是高科技的优点，因此，要记住的第一条就是"记住人的存在"。如果你当着面不会说的话在网上也不要说。心中要有这样的一个理念，每个网民都是我们的顾客。

礼节二：网上网下行为一致。在现实生活中大多数人都是遵法守纪，在网上也同样如此。网上的道德和法律与现实生活是相同的，不要以为在网上与电脑交易就可以降低职业道德的标准，甚至，网络的传播更快速更广泛，所以，必须要对自己的言行负责。

礼节三：入乡随俗。同样是网站，不同的论坛有不同的规则。我们所涉及的淘宝、易趣、拍拍等平台一定要符合他们的交易规则。哪怕是我们自己有自己的网站，也要遵守自己网站的规矩。

礼节四：尊重别人的时间。顾客的提问肯定有他的疑问，我们必须要以最快的速度回答，或者解决顾客的问题。尊重别人就是尊重自己。

礼节五：职业形象。网络其实也是看得见听得着的，即使没有语音或视频，但是，你传递的信息别人一样能感受。要保持公司和自己的职业形象，亲切不轻浮、自信不骄傲，落落大方回答得体。

礼节六：分享你的知识。除回答顾客的问题以外，你有义务帮助顾客懂得使用淘宝等电子商务平台的基本的知识，或者产品知识。

礼节七：无论在什么情况不允许和顾客争论。只要是来到自己网站的，就是客人，所以，无论在什么情况下，不能和顾客争论。

礼节八：尊重他人的隐私。在工作中你不应该过问顾客或同事的隐私，需要尊重别人的隐私，即使知道情况，也没有必要去公开和传播。

礼节九：不要滥用权力。无论你是部门经理还是当班主管，请你不要滥用你的权力，假如你对顾客承诺的一定要在公司规定的范围之内，这样你的工作将会相当轻松。

礼节十：要懂得宽容。我们都曾经是新手，都会有犯错误的时候。当看到别人写错字，用错词，问一个低级问题或者电脑操作不当时，请不要笑话人家，因为你不是天生就什么都会的。如有必要请你帮助他。

参考文献

陈文胜，2010. 新型农民能力培养——交往与礼仪[M]. 长沙：湖南人民出版社.

黄华玲，2006. 农民市民化与市民现代化[D]. 苏州：苏州大学.

姜桂芝，乔宗方，2021. 新时代农民素养培育研究[M]. 北京：中国政法大学出版社.

金正昆，2009. 接待礼仪[M]. 北京：中国人民大学出版社.

靳玉乐，张铭凯，郑鑫，2018. 核心素养及其培育[M]. 南京：江苏人民出版社.

雷莹，2013. 资中县新农村建设中农民文化素质提升对策研究[D]. 成都：四川农业大学.

李水山，单正丰，2012. 城乡一体化发展中的中国农民教育研究[M]. 北京：中国农业科学技术出版社.

李心记，2008. 乡风文明与农民礼仪道德[M]. 北京：中国言实出版社.

李治民，2006. 乡风文明[M]. 北京：长征出版社.

刘少鲁，2003. 为全面建设小康社会培养农业人才[J]. 农业经济（5）：90-94.

佟怀德，2006. 文明礼仪：新农村版[M]. 北京：首都师范大学出版社.

闻君，金波，2011. 现代礼仪实用全书[M]. 北京：时事出版社.

杨杨，2023. 乡村振兴战略下农村职业教育发展与职业农民培育研究[M]. 天津：天津科学技术出版社.

于莎，张天添，2022. 技能型社会下高素质农民核心素养：生成机制与培育路径[J]. 中国职业技术教育（6）：12-15.

张然，2011. 现代礼仪规范教程[M]. 北京：中国纺织出版社.

张韶斌，李洁，王彩文，2020. 当代农民的责任担当[M]. 济南：济南出版社.

朱五红，2011. 从零开始学礼仪[M]. 北京：时事出版社.